依山傍水无
公害菇房

野外菇棚
骨架结构

菇棚遮盖后外观

室内多架层
培养菌袋

野外荫棚平地
叠袋养菌

菌袋定期翻堆检查

菌渣栽培木耳

菌渣栽培秀珍菇

菌渣栽培大球盖菇

菌渣栽培竹荪

集约化架层立袋长菇

平地垒袋菌墙双向长菇

袋口割膜摆垒
单向长菇

农作物种植技术管理丛书

怎样提高茶薪菇种植效益

丁湖广　丁荣峰　编著

金盾出版社

内 容 提 要

本书由我国著名食用菌专家丁湖广高级农艺师和福荣华菇品(深圳)有限公司总经理丁荣峰编著。内容包括茶薪菇生物学特性,高效栽培原材料选择与配套设施,菌种分离培育技术,茶薪菇高效栽培菌袋生产工艺,高产优质出菇管理园艺,病虫害防治技术,产品保鲜加工技术及产品质量标准等8个部分。本书内容新颖,技术规范,针对性与可操作性强,适于农村广大菇农及菇业技术人员阅读应用,对农林院校师生,科研单位亦有参考价值,还可作为职专技能培训教材。

图书在版编目(CIP)数据

怎样提高茶薪菇种植效益/丁湖广,丁荣峰编著.—北京:金盾出版社,2008.1
(农作物种植技术管理丛书)
ISBN 978-7-5082-4788-5

Ⅰ.怎… Ⅱ.①丁…②丁… Ⅲ.蘑菇-蔬菜园艺
Ⅳ.S646.1

中国版本图书馆CIP数据核字(2007)第177626号

金盾出版社出版、总发行
北京太平路5号(地铁万寿路站往南)
邮政编码:100036 电话:68214039 83219215
传真:68276683 网址:www.jdcbs.cn
彩色印刷:北京精美彩印有限公司
黑白印刷:北京天宇星印刷厂
装订:大亚装订厂
各地新华书店经销
开本:787×1092 1/32 印张:6.125 彩页:4 字数:130千字
2008年6月第1版第2次印刷
印数:8001—18000册 定价:10.00元

前　言

茶薪菇是我国近年来新开发的珍稀食用菌产品之一，其品质清脆爽口，杏仁香味，营养丰富，又有保健功效，是一种高蛋白、低脂肪，集营养与保健于一身、可食可补的绿色食品，成为都市餐饮业和盛大宴会及民间喜庆宴上的山珍美味之一，市场发展前景十分可观。

茶薪菇在自然条件下分布于闽、赣、鄂、云贵高原及黔、桂等省（自治区）。茶薪菇人工驯化栽培始于闽、赣交界武夷山麓的江西省黎川、广昌和福建省建宁、泰宁等县。20 世纪 90 年代初试验成功后，迅速推广到大江南北。

茶薪菇产业的飞速发展，带来了一个突出的问题，种植效益欠佳。根据调查，因原料价格逐年上浮，成本增长 20%左右，菇价不稳，在产地收购价偏低，没达到应有的经济效益。农民种菇的目的是要获取理想的经济效益，因此效益的丰歉，直接关系到茶薪菇产业的兴衰。因此，怎样提高茶薪菇种植效益，是我国发展茶薪菇产业必须解决的热点问题，也是广大菇农最为关切的焦点。

笔者长期从事食用菌生产和流通的研究与科学技术的普及，面对现实，深感有义不容辞的责任，运用现代科学技术发展观，去解答这个难题。为此笔者深入各产区广泛收集整理各地的实际生产经验和教训，针对性地在提高种菇效益的具体技术措施方面，进行系统阐述。尤其详细介绍菌种分离与培育，高效栽培菌袋制作工艺全过程，集约化立体摆袋长菇、菌筒多种方式覆土栽培长菇、夏冬季配套周年生产、防空洞反季节栽培，以及废渣再利用种植秀珍菇等品种与先进实用技术，其中有的是发明专利，有的是尚未公开的新技术。希望广大菇农能从中得到有益的启示，把茶薪菇种好，获取理想的经济效益，早日过上小康生活，这也是笔者的最大心愿！

本书在编写过程中，得到福建省古田县科技局领导的重视，把本书列为食用菌科研课题立项。古田县库区移民开发局丁继龙副局长、古田县技术监督局林祖寿高级工程师等给予了热情支持，县、市、省老科技工作者协会也给予了很多的鼓励。古田县华光印刷部刘琼小姐为书稿打印，并不厌其烦地修改成集。在此一并致谢！由于收集资料范围较广，书中引用其研究成果尚未署名的望予见谅，对他们的发明表示敬意！由于本书编写时间仓促，涉及内容较新，笔者水平有限，难免有错误之处，敬请广大读者批评指正！

丁湖广

于"中国食用菌之都"——福建省古田县新元食用菌研究所

通讯地址：福建省古田县城西过河路13号

邮编：352200

电话：0593—3882177

传真：0593—3888628

目　录

第一章　茶薪菇概述……………………………………（1）
一、生物学特性 ……………………………………（1）
二、经济价值与市场前景 ……………………………（5）
三、种植效益差距与高效途径 ………………………（9）
第二章　提高茶薪菇种植效益的基本设施 …………（12）
一、配套设施上的误区……………………………（12）
二、高效栽培房棚基本条件…………………………（14）
三、高效栽培原料选择……………………………（17）
四、辅助营养料……………………………………（21）
五、栽培基质安全规定……………………………（23）
六、栽培袋规格质量………………………………（24）
七、配套机械设备…………………………………（25）
八、灭菌设施………………………………………（28）
第三章　茶薪菇菌种生产 …………………………（32）
一、菌种制作的误区与注意事项……………………（32）
二、菌种生产基本设施……………………………（34）
三、菌种繁殖与分级………………………………（38）
四、母种分离技术…………………………………（40）
五、原种制作工艺…………………………………（48）
六、栽培种制作工艺………………………………（51）
七、规范化无菌操作技术…………………………（54）
八、菌种培养关键技术……………………………（56）
九、原种和栽培种质量标准…………………………（58）

十、菌种保藏与复壮……………………………………………(59)
第四章　茶薪菇高效栽培菌袋生产工艺 ………………………(61)
一、制袋常见的误区……………………………………………(61)
二、菌袋制作技术程序…………………………………………(63)
三、菌种的选择…………………………………………………(63)
四、生产季节安排………………………………………………(67)
五、实用培养基配方……………………………………………(69)
六、基质碳氮比例………………………………………………(72)
七、配料操作规程………………………………………………(74)
八、培养料装袋技术……………………………………………(79)
九、料袋灭菌技术规程…………………………………………(82)
十、料袋接种技术规程…………………………………………(86)
十一、菌袋培养管理技术………………………………………(91)
十二、菌袋成品率低的原因……………………………………(97)
第五章　茶薪菇高效栽培出菇管理园艺……………………(100)
一、现行栽培常用出菇模式 …………………………………(100)
二、出菇管理常见的误区 ……………………………………(104)
三、架层集约化立体摆袋长菇管理技术 ……………………(105)
四、大袋两端长菇栽培管理技术 ……………………………(120)
五、菌筒墙式覆土长菇管理技术 ……………………………(123)
六、夏、冬季配套周年制生产技术……………………………(129)
七、防空洞反季节栽培技术 …………………………………(134)
八、茶薪菇菌渣再利用栽菇技术 ……………………………(136)
第六章　茶薪菇病虫害防治技术……………………………(143)
一、无公害综合防治措施 ……………………………………(143)
二、病虫害防治上的误区 ……………………………………(147)
三、侵染性病害类型与防治技术 ……………………………(149)

第七章　茶薪菇保鲜与加工技术…………………（154）
一、采收与加工常见的误区 ………………………（154）
二、鲜菇采收技术 …………………………………（155）
三、产品保鲜技术 …………………………………（156）
四、脱水烘干技术 …………………………………（161）
五、真空冻干技术 …………………………………（164）
六、干菇包装贮藏保管技术 ………………………（166）
七、盐渍加工技术 …………………………………（168）
八、糟制旅游休闲美味即食品 ……………………（170）
第八章　茶薪菇产品质量标准……………………（174）
一、鲜菇分级感官指标 ……………………………（174）
二、低温贮藏保鲜理化指标 ………………………（175）
三、脱水烘干产品质量标准 ………………………（176）
四、无公害产品卫生标准 …………………………（178）
五、绿色产品农残限量标准 ………………………（178）
附录　食用菌生产成套机械设备…………………（180）
主要参考文献………………………………………（182）

第一章　茶薪菇概述

一、生物学特性

茶薪菇学名 *Agrocybe aegerita*（brig.）sing. 英文名：Southern Poplar Mushroom；Black Poplar Mushroom Swordbelt Agrocyhe。原生于南方油茶树上，俗称：茶树菇。它与云南、贵州的杨树菇，柱状田头菇，柱状环锈伞以及我国台湾省和日本的柳松茸均属于同一物种，但在形态、品质、风味上有较大差异。

茶薪菇在分类学上属担子菌纲，田头菇属，伞菌目（Agaricales）、粪锈伞科（Blbitaceae）的食用菌。

（一）形态特征

茶薪菇同所有食用菌一样，由菌丝体和子实体两大部分组成。菌丝体为营养器，主要功能是分解基质，吸收营养。菌丝为白色，茸毛状，较细，组成菌丝群，锁状联合。双核菌丝分枝粗壮，繁茂，生活力旺盛，生理成熟时，形成子实体。子实体为伞状，多数是丛生。它由菌盖、菌柄、菌褶和菌环组成。

菌盖直径 3～10 厘米，半球形至扁平，中部稍突起，幼时深褐色至茶褐色，渐变淡褐色，淡灰褐色至淡土黄色；边缘色淡，湿润时稍黏，菌肉淡白色；中部较厚，边缘薄。

菌褶初为白色，成熟时黄锈色至咖啡色，密集、直生至近弯生，不等长。

菌柄近圆柱状，着生菌盖下面中央，长 6～18 厘米，直径 0.6～1.5 厘米；表面纤维状，近白色，向下渐至淡褐色，中实，纤维质脆嫩，多为直立或弯曲稍扭转，成熟时变硬。

菌环是内菌幕残留在菌柄上的环状物，为菌盖与菌柄间连生着一层菌幕膜质，上面细条纹，布满孢子。

孢子淡黄褐色，光滑，椭圆形或卵圆形，8.5～11 微米×5.5～7 微米。属于异宗结合的四极性担子菌，从孢子萌发菌丝到形成子实体，完成一个生活史，需要 80～100 天。

(二)生活习性

茶薪菇在自然条件下，生长于小乔木油茶树腐木根部的周围。生长季节多于夏秋之交及中秋前后。由于油茶树木质坚硬，腐朽速度慢，因此，菌丝体生长周期较长，聚集能量和蓄积养分充足，形成了子实体外形美观、营养丰富、清脆爽口、味道鲜美、口感极佳、香味独特的名优珍菇。

我国油茶树分布于闽、浙、赣、湘、鄂等省(自治区)的山地和丘陵，云、贵高原及黔、桂山地。这些省(自治区)年平均气温 10℃～20℃，一般冬季无严寒，无霜期长达 300 天以上；年降水量大都在 1 500 毫米以上，气候温暖、湿润，土壤肥沃，四季云雾缭绕，有利于油茶树枯干腐朽，供给茶薪菇菌丝生长发育和子实体形成。正因为享有得天独厚的自然地理优势，造就了茶薪菇这一独特香脆的珍稀菇品。据《福建通志·闽产录异》载：“茶菇生于油茶树上，菇薄柄长，味在柄，浓郁中得清气，尤其香菇，所产不多，不堪装载。”

(三)生长条件

茶薪菇的生长发育与其他食用菌品种有相同之处，但也有差异的方面。下面分述它的生长发育所需的条件。

1. 营养 茶薪菇属于喜氮菇类，利用木质素的能力弱，在人工栽培中，要考虑这个生理特点。其主要营养是碳源、氮源和无机盐及生长素。

(1)碳源 碳源是茶薪菇的主要营养来源，为合成碳水化合物的氨基酸的原料，作为菌丝和代谢产物中碳素。其作用是构成细胞和供给生长发育所需的能量。茶薪菇所需要的碳素都来自有机态碳，如糖类、有机酸、醇类、淀粉、纤维素、半纤维素、木质素等。在常见的碳源中，糖类小分子化合物，可直接被菌丝所吸收利用。而纤维素、半纤维素、木质素、淀粉等大分子化合物，则不能直接被菌丝所吸收利用。它必须由菌丝分泌出的酶等物质，将其分解成小分子化合物，然后才能被吸收利用。纤维素是茶薪菇菌丝初生及次生细胞壁的组成部分，纤维素的降解是通过纤维素酶来完成的。此外，棉籽壳、玉米芯、甘蔗渣等，均富含纤维素和木质素，都是很好的碳源。

(2)氮源 氮源是茶薪菇合成蛋白质和核酸必不可少的主要原料。氮源分为有机氮化合物和无机氮化合物两类。茶薪菇生长发育主要利用有机氮，如尿素、氨基酸、蛋白胨和蛋白质等。培养基中氮源的浓度，对茶薪菇的营养生长和生殖生长有很大影响。在菌丝营养生长阶段，培养基中的含氮量以0.016%～0.064%为宜。而含氮量低于0.016%时，则菌丝生长受阻。在子实体发育阶段，培养基的含氮量过高时，会引起菌丝徒长，出菇偏慢。茶薪菇培养料中碳氮比(C/N)要适当。菌丝营养生长阶段碳氮比以20∶1为宜，而生殖生长即子实体生长阶段，培养料的碳氮比以30～40∶1为宜。在菌丝生长阶段，若氮的比例稍高，有利于菌丝粗壮；氮的比例低些，有利于菇体形成。如果后期氮的含量过高，将有碍子实体的发生和生长。

(3)无机盐　无机盐如磷、钾、镁、钙等矿质元素，对菌丝生长有利，对子实体生长发育也有益。茶薪菇生产时，在培养料和普通用水中的无机盐含量就足够了。维生素用量甚微，但不可缺少，在培养料配用的麦麸、米糠中，维生素含量足够。因此，无机盐和微生素不必另外添加。

2. 温度　茶薪菇是在温带至亚热带地区从春季至秋季发生的广温型木腐生食用菌。菌丝生长的温度范围在4℃～34℃。温度过高菌丝容易老化变黄；当温度在33℃以上时，菌丝生长受到严重抑制；超过38℃时就会死亡。当温度处于14℃以下时，菌丝生长速度明显减慢；低于4°C时，菌丝停止生长，处于休眠状态。但茶薪菇菌丝能耐低温，在－14℃下5天，－40℃下4天，也不会死亡。温度一旦回升，菌丝就恢复生长。

3. 水　水是茶薪菇新陈代谢、吸收营养必不可少的基本物质。茶薪菇对各种营养物质的吸收和输送，是在水的运载下进行的；其代谢废物，也是溶于水后，才能被排出体外。缺少水分的菌丝便处于休眠状态，停止发育，根本不能产生子实体。此外，水对料温的变化也起缓冲作用，在菌丝生长和培养基制作中，要求含水量60％～65％。低于50％将不出菇，高于70％菌丝生长减慢、纤弱。

4. 空气　此菇属于好氧真菌，呼吸作用是正常生命活动不可缺少的生理过程。在新陈代谢过程中，以有机物质作为呼吸底物，在有氧条件下进行彻底氧化，并释放能量。菌丝短期缺氧时，就借助于酶解作用，暂时维持生命活动，但要消耗大量营养物质，菌丝逐渐衰弱，缩短寿命；严重缺氧时，菌丝生长受阻，比较纤弱，且容易受杂菌污染。

茶薪菇在吸收氧气，排出二氧化碳时，放出的二氧化碳常积累在培养料的表面，影响菌丝的正常呼吸。为此，保持菇房内空气新鲜，以保证正常的含氧量，促使子实体生长发育。在新鲜空气中，氧气的含量为21%，二氧化碳的含量为0.03%。当二氧化碳浓度上升到0.1%时，茶薪菇菌丝和子实体的生长均受到明显的抑制。菌丝从营养生长转入生殖阶段，对氧气的需求量略低，一旦子实体形成，对氧气的需求急剧增加。因此，在这个转折点中，菇房内应经常通风换气，保持空气新鲜，防止二氧化碳积累过多。

5. 光线 茶薪菇不能进行光合作用，菌丝生长不需光照，在黑暗环境中能正常生长。阳光中的紫外线有杀菌功能，对菌丝生长会起到抑制作用，因此菌袋培养阶段应注意遮阴避光。原基分化和子实体形成时，则需要一定的散射光照，完全黑暗的条件下，不能形成子实体。适当的散射光为500～1 000勒，对子实体形成和发育有促进作用；光线不足时，出菇变慢，菇体变淡，菇脚变长，并有明显的趋光性。

6. 碱酸度(pH值) 菌丝生长pH值为4～7，最适pH值为5.8～6.2；子实体生长pH值为3.5～7.5，最适pH值为5～6。在生产时则要将培养基pH值调至6～7，经过灭菌后会降低至5～6。菌丝在生长过程中，代谢出有机酸类物质，也会降低培养基的pH值。

二、经济价值与市场前景

（一）营养价值

茶薪菇的经济价值为世人瞩目，它富含蛋白质、脂肪和碳水化合物，是集食用与营养于一身的绿色食品。根据国家食品质量监督检验中心检验报告：茶薪菇每100克（干菇）含蛋白质14.2克，纤维素14.4克，总糖9.93克；含钾4 713.9毫克，钠186.6毫克，钙26.2毫克，铁42.3毫克。蛋白质内含有18种氨基酸（表1-1）。

表1-1　茶薪菇氨基酸含量　（单位：毫克/100克）

氨基酸种类		测定值	氨基酸种类		测定值
必需氨基酸	异亮氨酸	632.1	非必需氨基酸	丙氨酸	773.1
	亮氨酸	1844.5		精氨酸	1167.4
	赖氨酸	860.9		天门冬氨酸	1422.9
	苯丙氨酸	653.7		胱氨酸	65.2
	苏氨酸	823.2		组氨酸	294.6
	缬氨酸	819.5		谷氨酸	2126.9
	蛋氨酸	295.9		甘氨酸	558.6
	色氨酸	未测		脯氨酸	13.5
				丝氨酸	779.9
				酪氨酸	934.2

注　此表引自国家食品质量监督检验中心（北京）第940201号《关于混合料栽培茶薪菇的检验报告》

人体不能自行合成或转化，而必须从食物中摄取的8种必需氨基酸，在茶薪菇中全都有。此外，谷氨酸的含量较多，因而具有独特的鲜美风味。

（二）药用功效

茶薪菇具有保健功效。中医学认为：茶薪菇性平、甘温、益气开胃，老少皆宜。常食可起到抗衰老、美容等作用，具有补肾滋阴、健脾胃、提高人体免疫力、增强人体防病治病能力的功效。在闽西北民间，常用茶薪菇干子实体煮食，对治疗胃寒、肾炎、水肿，疗效甚佳。临床实践证明，茶薪菇对肾虚尿频、水肿、气喘，尤其小儿低热尿床，有独特的疗效。现代医学研究表明，茶薪菇由于含有多量的抗癌多糖，其提取物对小白鼠肉瘤 S_{180} 和艾氏腹水癌的抑制率高达 80%～90%。因此，人们称之为“中华神菇”、“保健食品”。

(三)产业现状

茶薪菇为近年来新开发比较成功的珍稀菇品之一，产业发展较快。20 世纪 90 年代初期人工栽培试验成功之后，江西省黎川县率先推广，年产茶薪菇鲜菇仅有 1 万吨左右，以鲜销为主，部分加工成干品，行销各城市，成为时尚珍品。1993 年在深圳市场，每千克干品卖到 200～230 元，货源紧俏，供不应求。由此引发全国各地加快发展步伐，福建、广西、四川、河南、广东、湖南、云南、江苏、安徽等省(自治区)，把发展茶薪菇生产列为农业产业化结构调整的名牌品种。福建省古田县近 5 年来发展较快。年栽培量达 3 亿袋，形成了继银耳、香菇之后又一个主栽品种。仅平湖镇乔洋村 450 户农民，90%从事茶薪菇生产，2006 年栽培 3 000 万袋，平均户栽 7.5 万袋，成为“中国茶薪菇第一村”。现在茶薪菇产区遍及大江南北 19 个省、直辖市、自治区，产量直线上升。据中国食用菌商务网统计资料显示：全国茶薪菇产量 2002 年为 48.422 吨；2003 年为 42.971 吨；2004 年为 122.494 吨；2006 年发展到 221.980 吨，仅 4 年时间就增长 3.58 倍。各省(自治区)产量见表 1-2。

表 1-2　2006 年茶薪菇产量一览表　（单位：吨）

地　区	产　量	地　区	产　量
福　建	128.600	安　徽	1093
江　西	52.700	山　东	900
贵　州	10.000	江　苏	800
湖　南	7.000	北　京	687
广　东	6.000	湖　北	500
广　西	4.544	河　北	350
河　南	3.175	上　海	346
浙　江	3.000	云　南	100
天　津	2.000	陕　西	75
辽　宁	30		

(四)市场前景

现有茶薪菇产品以保鲜和烘干为主，内销 100 多个大中城市，并出口东南亚各国及销往我国港、澳特区。从市场消费势头看，茶薪菇已成为都市民众“菜篮子”里常见的食品，而在都市餐饮业的菜谱上成为食客喜爱的美味山珍。而随着生产发展，近年来市场价格逐步走向蔬菜化，现有保鲜茶薪菇运到上海、广州、深圳、长沙、长春、贵阳、昆明等城市，售价每千克 8～10 元，缺货时 10～12 元，干品每千克 32～40 元，消费者容易接受，市场容纳量将逐步与香菇成正比，发展前景十分可观。

三、种植效益差距与高效途径

（一）现行种植效益水平

茶薪菇生产发展极快，市场价格逐步下降，正常年份保鲜菇产地收购价每千克 5～7 元，高时 8～9 元，干品每千克收购价 30～38 元。按照现有古田县茶薪菇栽培技术水平，15 厘米×30 厘米的栽培袋，用干料量 300～350 克，成本 0.8 元。每袋可产鲜菇 300～400 克，按保鲜菇平均价每千克 5 元计算，产值可达 1.5～2 元，其毛利每袋 0.7～1.2 元，栽培 1 万袋，可创收 0.7 万～1.2 万元，其中含自己劳动力在内的收入，按这个数值，茶薪菇栽培的效益还是可观的。

（二）效益差距

从茶薪菇大面积生产的现状分析，难题是产量不达标，品质上不了档次，价位低。有的栽培户按上述规格的菌袋，产量仅达 250 克左右，与应收获的产量对比，相差 1/3；产品采收错过最佳期或是追求产量，故意让菇体长大些采收，结果过熟，重量反而下降，品质不合格，只好作干菇原料，收购价每千克仅有 3～4 元，因此，单袋产值只有 1 元，仅收回成本多一些，实际还赔了人工费。干品质量欠佳。一般每千克只有 28～32 元，低级菇市场疲软、价格偏低，效益不理想。这些现象将对茶薪菇生产的发展带来负面影响。为此，必须深入调查研究，找出原因，采取措施加以解决。

(三)提升种菇效益的途径

茶薪菇种植效益的高低，取决于生产设施，原料配制，栽培管理技术等诸多方面的配套与协调。根据茶薪菇产业发展和高效栽培的要求，应从以下 5 个方面着手。

1. 高度重视规范化生产 有的菇农认为：茶薪菇为粗放型菌类，在思想上和具体生产操作上马虎。因此管理技术不规范，造成广种薄收欠效。要想提高种植效益，首先要树立产业化、规范化生产理念，严格按照生产技术规程操作，环环把关。

2. 加强投入，改善环境 扭转过去误认为茶薪菇是粗放型菌类，菇棚设施简陋，环境较差，致使害虫传播带来损失。要按照产业发展的要求，建立生产示范基地，投资建造规范化专用菇棚，创造良好环境，多产出优质菇品，才能争取理想的经济效益。

3. 优化产品，质量上档次 严格实施无公害生产技术规程，并逐步向绿色、有机食品方向发展。“崇尚自然，向往绿色”成为现代消费新潮。但现有绿色食品在市场上的占有率不足 5%，而“绿标”商品的价位比一般产品高出 1 倍以上。茶薪菇本来是绿色食品，但现有生产程序未达到绿色食品标准的要求。因此要从原料选择，培养基制作，接种培养，出菇管理，采收加工全程按照无公害、绿色、有机食品的要求，进行标准化操作；并实行技术监控，提高产品安全性，使产品顺利跨越国际市场设置的三道“门槛”（农药残留，重金属含量，病原微生物）。主产区要从这些方面入手，积极创造条件，实现绿色产品，提升产品身份，扩大出口销售量，创造更好的经济效益。

4. 提高管理水平，降低损耗　现有成本增大的原因：一是菌袋成品率不高，有的产区从接种发菌到菌袋验收出房，成品率不足80％，使成本增加20％；二是灭菌灶结构不合理，燃料浪费；三是在出菇管理上病虫害侵袭，减产歉收。为此，提高菌袋成品率，主要是把好"四关"（原料选用关，装袋灭菌关，接种关，养菌关），从各方面减少和降低生产过程中的消耗，从科学管理中提升效益。

5. 精深加工，增加附加值　产品上市旺季，除保鲜冷藏和烘成干品上市外，可以采取盐渍加工保藏长年应市。还可采用酒糟、食盐等腌制成各种风味的旅游、休闲方便美味的即食品，增加花色品种，扩大市场消费，进一步提高产品的附加值。产品加工好坏，直接关系到产品质量、价位和效益。要全面实行机械脱水烘干，并按照操作技术规程进行加工。产品要求"四无"（菇体无烤焦，形态无破损，干度无欠标，品质无含硫）和"三达标"（感官标准，理化标准，卫生标准）以提高产品档次效益。

第二章　提高茶薪菇种植效益的基本设施

一、配套设施上的误区

（一）房棚界限不分

茶薪菇栽培的载体是菌袋，培养前期发菌，后期出菇。前期是菌袋培养阶段，对环境要求干燥、避光、恒温，所以应在房内培养为宜。而后期为菌袋生理成熟后，搬到野外菇棚排场出菇，对环境要求潮湿、散射光线和清新空气。然而有的栽培者没掌握这个机制，把“房”与“棚”混为一体，因此，菌袋培养阶段误入潮湿，杂菌孳长，造成污染，成品率不高；有的因光线照射菌袋，使培养基内水分蒸腾，造成菌丝体脱水，影响后期出菇率。在野外菇棚建造的环境及设施上，对茶薪菇子实体生长发育不相适应，又不符合无公害的要求，以至影响了产量和品质。

（二）机械设备不对口

现行茶薪菇生产的原料有枝桠材和农作物秸秆，需要加工成木屑，便于配制培养料装袋。因此，有的生产单位就盲目购置“四机”（切片、粉碎、拌料、装袋）配套。其中切片机、粉碎机两机，不仅需要增加投资数千元，而且操作场地面积大，菇木经切片晒干后，再粉碎，多了一道工序。另一方面购置老式拌料机，生产效率不高，操作麻烦。此外，装袋机购买的是单用机，使用有局限性。机械设备不配套，既增加了投入成本，又给生产带来不便，影响茶薪菇的如期生产。

（三）原、辅料选用失误

1. 误解木腐菌用料 茶薪菇开发的早期，在江西、广西和福建等产区，误认为是木腐菌，应以木屑为培养料，才能提高产量；而对农作物秸秆资源的利用，没引起重视。随着木腐菌中的大宗产品香菇及其他菇菌的发展，以及生态环境保护意识的增强，林菇矛盾再次加重，使茶薪菇生产的发展，在原料上受到了一定的制约。

2. 原料含杀菌物质 收集木器厂、火柴厂等排放的锯木屑，已成为茶薪菇栽培原料来源渠道之一，但加工厂木材树种甚多，夹杂杉、松、樟、柏等含有醇、醚、脂等杀菌物质的树种，混用栽培茶薪菇。结果接种后菌丝受到抑制，甚至不萌发、不定植。

3. 麦麸质次影响基质 麦麸霉烂变质或受雨淋结块，或发生螨虫。配料后基质养分差，结果影响茶薪菇产量和质量。

（四）塑料袋不合适

塑料薄膜袋是栽培茶薪菇必不可少的配套材料。常因塑料袋配合失误，造成装袋后进入灭菌阶段，出现破裂、熔化。如低压聚乙烯袋，能耐 100℃，保持 20 多小时的常压灭菌，但不宜高压灭菌；而聚丙烯袋宜高压灭菌，但质地不够柔软，与培养料吻合性差。也有的因塑料袋质量差，针孔多，接种后杂菌从孔口入侵，造成菌袋污染，影响了成品率。

(五)灭菌灶结构不合理

现有灭菌灶形式多种，有的灶体太小，一次只能容纳1 000～2 000 袋，不能适应规模化生产需要；有的大型钢板灶体积大，一次可容纳 2 万～3 万袋，但结构不合理，烟囱太小，风路不畅。上温慢、持温性差、拖延灭菌时间，造成袋料酸变，破坏基质营养成分，影响茶薪菇的产量。

二、高效栽培房棚基本条件

(一)菌袋培养室

专业性工厂化生产的企业，应专门建造菌袋培养室，民间可利用民房养菌。标准培养室必须达到“五要求”。

1. 远离污染区 培养室要远离食品酿造工业，远离畜、禽舍、垃圾(粪便)场、水泥厂、石灰厂等扬尘厂(场)；还得远离公路主干线、医院和居民区。防止生活垃圾、有害气体、废水和人群过多，造成茶薪菇污染。

2. 结构合理 培养室应坐北朝南，地势稍高，环境清洁；室内宽敞，一般以 32～36 平方米面积为宜。培养室内搭培养架床 6～7 层。室内墙壁刷白灰，门窗对向能开能闭，并安装尼龙窗纱防虫网；设置排气口、排气扇。

3. 生态适宜 室内卫生、干燥、防潮、空气相对湿度低于70%；遮阴避光，温度保持在 23℃～28℃，空气新鲜。

4. 无害消毒 选用无公害的次氯酸钙药剂消毒，使之接触空气后，迅速分解成对环境、人体和菌丝生长无害的物质，又能消灭病原微生物。

5. 物理杀菌 室内装紫外线灯照射或电子臭氧灭菌器等物理消毒，取代化学物质杀菌。

(二)子实体生长菇棚

茶薪菇子实体生长棚，统称菇棚。其生态环境应按 GB/T 184071—2001《农产品安全质量 无公害蔬菜产地环境要求》标准或符合农业部 NY/T 391—2000《绿色食品 产地环境技术条件要求》。具体实施“五必须”。

1. 结构必须合理 菇棚要求能保温、保湿，具有抗御高温、恶劣天气的能力，合理的空间和较高的利用率；结构固定安全、操作方便、经济实用。野外菇棚宽 3.2～7.1 米，高 2.6～3 米，长度视场地大小而定，以 10～15 米为宜。采用竹木做骨架；棚顶的经纬木竹条绑紧扎实，四周内用塑料薄膜，中间用塑料泡沫板，外盖黑色薄膜。棚顶开通天窗，顶上铺上茅草、树枝或草苫遮荫，形成“三阳七阴“的环境。菇棚北面、西面的围物要厚些，以防御北风和西北风。菇棚大小视场地而定。菇棚长向两端开 2 个对向门窗，有利于空气对流。

2. 场地必须优化 选择背风向阳，地势高燥，排灌方便，水、电源充足，交通便利，周围无垃圾等杂乱废物。菇棚周围可种植枝叶茂盛的高大植物，以阻拦尘埃。固定性的棚旁可栽藤豆、猕猴桃、金银花、佛手瓜等藤蔓茂盛的作物，既能覆盖遮阴，又能增加收入。

3. 土壤改良 作为覆土栽培茶薪菇的菇棚，土地必须进行深翻晒垡后再进行浇水、排干、做畦。采用石灰粉或喷茶籽饼、烟茎等生物剂，取代化学农药消毒杀虫。

4. 水源必须洁净 水源要求无污染，水质清洁，最好采用泉水、井水和溪河流畅的清水，不得使用池塘水、积沟水。

5. 茬口必须轮作　不是固定性的菇棚，应采取一年种农作物，一年栽茶薪菇，稻菇合理轮作，隔断中间传播寄主，减少病虫源积累，避免重茬加重病虫害。

(三)培养架床设置

菇棚内分设多层培养架，排列应与菇棚方位垂直，呈两列、三列或多列。架床一般宽 60～100 厘米。架床的层数视菇房高度而定，一般设 5～6 层，层距为 30 厘米左右。最底层需距地 20 厘米，最上层离屋顶 1 米以上。架床之间留 80～100 厘米宽的作业道。架床的设置要求坚实牢固，一般每平方米立摆菌袋 100 个，承担 90 千克培养料的重量。通常以竹、木为固定材料，有条件地使用钢筋水泥作固定架床则更好。层架菇床见图 2-1。

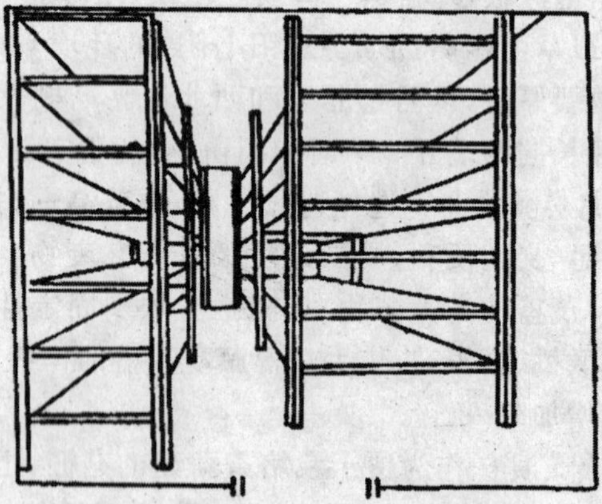

图 2-1　菇棚内层架菇床

三、高效栽培原料选择

(一)适生树木屑

适于茶薪菇生长的树木种类有麻栎、枹栎、栓皮栎、青刚、高山栎、蒙古栎、柞、橡、桦、米槠、胡桃和山榉等阔叶树木屑均可。此外,每年果树、桑树修剪的枝桠,伐木场、锯木厂、木器厂等碎木屑,都可以收集用来作为茶薪菇栽培的培养料。在收集杂木屑时要注意3点。

1. 剔除含抗菌性木屑 含有油脂、脂酸、精油、醇类、醚类以及芳香性抗菌或杀菌物质的树种,如松、柏、杉、樟、洋槐等不宜取用。

2. 草酸浸泡木屑不适用 木器加工厂所采用的树种多为优质杂木,如栲、槠、楮、栎等,用于加工螺丝刀柄、刷柄、枪柄等,其材质坚实,有利于种菇,可以收集利用。但厂方为了防止木料变形,采用草酸溶液浸泡木材,然后再经过烘烤定型。这样的边材碎屑,由于养分受到破坏,用于栽培茶薪菇对产量有影响,所以不理想。

3. 枝桠材直接切碎 果树枝桠、桑枝及加工厂边材碎屑,收集后可直接通过切碎机加工成木屑。

(二)开发利用杉、松木屑

我国以杉、松为主的针叶树占森林蓄积量的70%左右,其木屑资源十分丰富,可以通过技术处理,利用作为种植茶薪菇原料。由于杉、松木质含有烯萜类有害于茶薪菇菌丝生长的物质,必须进行技术处理。具体方法有以下几种。

1. 高压常压排除法 采用高压或常压灭菌，排除有害物质。高压灭菌时按常规操作，排除冷气后，待气压上升到147.1千帕时，加大火力或通入蒸汽，然后慢慢地打开排气阀，排气10分钟，再关上气阀，保持灭菌2小时，达标后停火，让压力自然下降，这样，有害物质基本除去。也可采用常压灭菌法排除有害物质。具体操作方法：待灭菌灶内上气30分钟后，加大火力，排气10分钟，让有害物质排除，然后保持100℃ 10小时以上，再闷8小时后出锅，晒干待用。

2. 蒸馏法 利用蒸馏香茅草油或薄荷油、山茶籽油的设备，先把水放进锅内，距通气木隔板10厘米。再装入松、杉木屑，稍压实后用木棍插几个通气孔，盖好锅盖，以防漏气，并在锅内缘注满水。然后把锅盖上的通气管冷却器上部接好。冷却器底部直通桶外，连接油、水分离器。安装后烧猛火，经2～2.5小时开始出油，然后保持火力4～5小时，待无油出现时即熄火。第二天取出木屑晒干备用。

3. 石灰水浸泡法 用0.2%～0.5%浓度的石灰澄清液，浸泡松、杉等木屑12～14小时，捞起后用清水冲洗至无浑浊，pH值7以下为止。再将水沥干或晒干后待用。用上述浓度的石灰水浸泡，气温在20℃以下时，至少需要24小时。

4. 堆积发酵法 将松、杉木屑倒进水沟添满水，经过一段时间的风吹日晒雨淋后，挖取下半部的木屑晒干备用。也可将此类木屑拌2%～3%浓度的石灰水，调节含水量至65%左右后，每隔4～5天翻堆1次，堆积发酵20天后，晒干待用。

5. 水煮法 将无底木桶放在大铁锅上，倒入木屑，加水淹没为度，再用木棍搅成稀浆状，盖好桶盖开始烧火。煮沸后约经4小时即可熄火。第二天捞出木屑晒干备用。

(三)农作物秸秆

我国农村每年均有大量的农作物秸秆、籽壳，如棉籽壳、玉米芯、葵花籽壳、黄麻秆、大豆茎秆、甘蔗渣等，这些下脚料，过去大都作为燃料烧掉，十分可惜。这些秸秆是栽培茶薪菇的原料之一，而且营养成分十分丰富，有的比木屑还好。

1. 棉籽壳 为脱绒棉籽的种皮，是粮油加工厂的下脚料。质地松散，吸水性强，含粗蛋白质6.85%，粗脂肪3.2%，粗纤维68.6%，可溶性糖类2.01%，氮1.2%，磷0.12%，钾1.3%，是茶薪菇栽培最理想的原料。由于棉花生产中使用农药较多，且棉籽壳中又含有棉酚。用棉籽壳作为栽培基质生产的茶薪菇，其子实体食用的安全性，一向为人们所关心。据有关单位试验结果表明：经过灭菌后棉籽壳中含棉酚53毫克/千克。用棉籽壳栽培的茶薪菇子实体中棉酚含量为49毫克/千克，认定为无公害。

2. 玉米芯 脱去玉米粒的玉米棒，称玉米芯，也称穗轴。我国玉米播种面积居粮食作物的第三位，年产玉米芯及玉米秸秆约9 000万吨。干玉米芯含水分8.7%，有机质91.3%，其中含粗蛋白质2%，粗脂肪0.7%，粗纤维28.2%；可溶性碳水化合物58.4%，粗灰分2%；钙0.1%，磷0.08%。玉米芯加其他辅料，补充氮源，可作为茶薪菇新的原料。

3. 葵花籽壳 葵花又名向日葵，为高秆油料作物。其茎秆高大，木质素、纤维素含量极高。葵花盘、葵花籽均可利用。据测定，葵花籽壳含粗蛋白质5.29%，粗脂肪2.96%，粗纤维49.8%；可溶性碳水化合物29.14%，粗灰分1.9%；钙1.17%，磷0.07%，养分十分丰富。

4. 高粱秆 高粱秆含粗蛋白质3.2%，粗脂肪0.5%，粗纤维33%；可溶性碳水化合物48.5%，粗灰分4.6%；钙1.3%，磷0.23%，是茶薪菇营养成分丰富的原料。

5. 大豆秸 含粗蛋白质13.8%，粗脂肪2.4%，粗纤维28.7%；可溶性碳水化合物34%，粗灰分7.6%；钙0.92%，磷0.21%，是一种营养成分丰富的茶薪菇栽培原料。

6. 棉花秸 棉花秸，北方又叫棉柴。纤维素含量达41.4%，接近杂木屑42.7%的含量；其粗蛋白质含量4.9%，粗脂肪0.7%，可溶性碳水化合物33.6%，粗灰分3.8%。还含有钙，磷成分，是茶薪菇的好原料，现在开发利用较少，均作燃料燃烧掉。

（四）工业废渣类

甘蔗渣为榨糖厂的废渣，我国蔗渣每年产量在600万吨左右。新鲜干燥的甘蔗渣，白色或黄白色，有糖的芳香。一般含水分8.5%，有机质91.5%，其中粗蛋白质2.54%，粗脂肪11.6%。粗纤维43.1%，可溶性碳水化合物18.7%，粗灰分0.72%。可以收集用作茶薪菇栽培原料。

（五）野草类

野生草本植物都含有菇类的营养成分，可以用来栽培茶薪菇。常用的有类芦、斑茅、芦苇、菅草、象草等，是茶薪菇可利用的一种好原料。这里选择几种野草进行分析（表2-1）。

表 2-1　几种野草营养成分分析　（%）

品　名	粗蛋白质	粗脂肪	粗纤维	粗灰分	氮	磷	钾	钙	镁
芒　萁	3.75	2.01	72.1	9.62	0.60	0.09	0.37	0.22	0.08
类　芦	4.16	1.72	58.8	6.34	0.67	0.14	0.96	0.26	0.09
斑　茅	2.75	0.99	62.5	9.56	0.44	0.12	0.76	0.17	0.09
芦　苇	3.19	0.94	72.5	9.53	0.51	0.08	0.85	0.14	0.06
五节芒	3.56	1.44	55.1	9.42	0.57	0.08	0.90	0.30	0.10
菅　草	3.85	1.33	51.1	9.43	0.61	0.05	0.72	0.18	0.08

四、辅助营养料

(一)常用辅料

辅助营养料，简称碳源辅料及氮源辅料和矿质添加剂 3 种。这是根据原料的理化性状的优缺点，添加辅料，弥补主料营养成分中的不足，达到优化培养料，实现高产、高效目的。

1. 麦麸　麦麸是小麦籽粒加工面粉时的副产品。是麦粒表皮、种皮、珠心和糊粉的混合物，是一种优良的辅料。其主要成分为：水分 12.1%，粗蛋白质 13.5%，粗脂肪 3.8%，粗纤维 10.4%，可溶性碳水化合物 55.4%，粗灰分 4.8%，其中维生素 B_1 含量高达 7.9 毫克/千克。麦麸蛋白质中含有 16 种氨基酸，尤以谷氨酸含量最高，可达 46%，营养十分丰富。麦麸中红皮、粗皮构成培养料透气性好；白皮、细皮中淀粉含量高，添加过多易引起菌丝徒长。市场上有的麦麸掺杂，购买时先检测，可抓一把在掌中，吹风检验，若混有麦秸、芦苇秆等，一吹易飞，且手感不光滑、较轻。麦麸的质量要求足干，不回潮，无虫卵，无结块，无霉变现象。

2. 米糠 米糠是稻谷加工大米时的副产品，也是茶薪菇生产的氮源辅料之一，可取代麦麸。它含有粗蛋白质11.8%，粗脂肪14.5%，粗纤维7.2%，钙0.39%，磷0.03%。其粗蛋白质、粗脂肪含量高于麦麸。选择时要求用不含谷壳的新鲜细糠，因为含谷壳多的粗糠，营养成分低，对产量有影响。

3. 玉米粉 玉米粉因品种与产地的不同，其营养成分有差异。在培养基中加入2%～3%的玉米粉，增加碳素营养源，可以增强菌丝活力，产量显著提高。

(二)添加剂

培养料配方中常用石膏粉、碳酸钙以及过磷酸钙、尿素等化学物质。有的以改善培养料化学性状为主，有的是用于调节培养料的酸碱度，常用添加剂有以下几种。

1. 石膏 石膏的化学名称叫硫酸钙，弱酸性，分生石膏与熟石膏两种。农资商店经营的石膏，即可作为栽培茶薪菇的辅料使用。石膏在生产上广泛用作固体培养料中的辅料，主要作用是改善培养料的结构和水分状况，增加钙营养，调节培养料的pH值，一般用量1%～2%。

2. 碳酸钙 纯品为白色结晶或粉末，极难溶于水，水溶液呈微碱性，因其在溶液中能对酸碱起缓冲作用，故常作为缓冲剂和钙素养分，添加于培养料中，用量1%～2%。

3. 石灰 石灰即氧化钙(CaO)，遇水变成氢氧化钙具有碱性，配料中添加1%～3%，用于调节pH值。

4. 过磷酸钙 过磷酸钙是磷肥的一种，也称磷酸石灰，为水溶性，灰白色或深灰色，或带粉红的粉末。有酸的气味，水溶液呈酸性，用量一般为1%左右。

5. 尿素 尿素是一种有机氮素化学肥料，在茶薪菇生产中，常用作培养料补充氮素营养，其用量一般为 0.1%～0.2%。

6. 硫酸镁 硫酸镁，又称泻盐，无色或白色结晶体，易风化，有苦咸味，可溶于水，它对微生物细胞中的酶有激活反应，促进代谢。在培养基配方中，一般用量为 0.03%～0.05%，有利于菌丝生长。

五、栽培基质安全规定

茶薪菇的栽培原料及添加剂，应符合国家农业部发布的 NY 5099—2002《无公害食品　食用菌栽培基质安全技术要求》。为此，原辅材料要注意把好"四关"：即采集质量关：原材料要求新鲜、无霉烂变质；入库灭害关：原料进仓前要经烈日暴晒，杀灭病原菌和害虫、虫蛆；贮存防潮关：仓库要求干燥、通风、防雨淋、防潮湿；堆料发酵关：原料使用时，提前堆料暴晒，有利于杀灭潜伏在料中的杂菌与害虫。经灭菌后的基质需达到无菌状态，不允许加入农药拌料。无公害基质添加要求标准见表 2-2。

表 2-2　无公害栽培基质化学添加剂规定标准

添加剂种类	使用方法和用量
尿　素	补充氮源营养，0.1%～0.2%，均匀拌入栽培基质中
硫酸氢铵	补充氮源营养，0.1%～0.2%，均匀拌入栽培基质中
碳酸氢铵	补充氮源营养，0.1%～0.5%，均匀拌入栽培基质中
氰铵化钙（石灰氮）	补充氮源营养和钙素，0.2%～0.5%，均匀拌入栽培基质中

续表 2-2

添加剂种类	使用方法和用量
磷酸二氢钾	补充磷和钾,0.05%～0.2%均匀拌入栽培基质中
磷酸氢二钾	补充磷和钾,用量为 0.05%～0.2%,均匀拌入栽培基质中
石　灰	补充钙素,并有抑菌作用,1%～5%均匀拌入栽培基质中
石　膏	补充钙和硫,1%～2%,均匀拌入栽培基质中
碳酸钙	补充钙,0.5%～1%,均匀拌入栽培基质中

六、栽培袋规格质量

(一)塑料袋原料要求

茶薪菇栽培袋的原料为塑料薄膜筒料,要求符合国家标准 GB 9687—1998《食品包装聚乙烯成型品卫生标准》。栽培袋的原料应选用高密度低压聚乙烯(HDPE)薄膜加工制成的成型折角袋。这是在常压灭菌条件下,袋栽茶薪菇常用的一种理想薄膜袋。市场上聚丙烯袋虽耐高压、透明度好,但质地硬脆,不易与料紧贴,且冬季遇冷易破裂,因此不理想。

(二)栽培袋规格

茶薪菇栽培袋规格,现在各产区常用以下两种规格(袋折径宽×长×厚)江西省的广昌、南丰、南城和资溪,福建省的泰宁、建宁、光泽、邵武、古田等常用规格为 15 厘米×30～33 厘米×0.04 厘米袋。每袋装干料 325～350 克;另一种是 17 厘米×30～33 厘米×0.04 厘米的栽培袋,每袋装干料 400～450 克。上述规格栽培袋,装料量适中,有利灭菌彻底,而且出菇快,所以得到全面推广使用。

（三）质量标准

优质塑料袋要求达到4个标准：

1. 规格一致 薄膜厚薄均匀，袋径扁宽大小一致。

2. 结构精密 料面密度强，肉眼观察无砂眼，无针孔，无凹凸不平。

3. 抗张性强 抗张强度好，剪2～4圈拉开不断裂。

4. 能耐高温 装料后经100℃常压灭菌保持16～24小时，不膨胀、不破裂、不熔化。

七、配套机械设备

（一）原料切碎机

应选用菇木切碎机，这是一种木材切片与粉碎一体合成的新型切碎机械。常见的有辽宁朝阳MFQ-553菇木切碎两用机，福建ZM-420型菇木切碎机，浙江6JQF-400A型秸秆切碎机等。该机生产能力高达1 000千克/台时，配用15～28千瓦电动机或11千瓦以上的柴油机。生产效率比原有机械提高40%，耗电节省1/4，适用于枝桠、农作物秸秆和野草等原料的切碎加工。

（二）新型培养料搅拌机

该机由福建省古田县文彬食用菌机械修造厂研制生产，获得国家发明专利（专利号：ZL200320106494.9）。该机具有4大特点：

1. 结构合理 由开堆机、搅拌器、惯性轮、走轮、变速箱组成，配用2.2千瓦电机，漏电保护器。

2. 生产功率高 堆料拌料量不受限制，只要机械进堆料场开关一开，自动前进开堆拌料并覆堆。与漏斗式、滚筒式搅拌机对比，省去装料、卸料工序。因此生产功率高达5 000千克/台时，比原来提高5倍，而且拌料均匀，有利于菌丝分解。

3. 废料打散 种过菇耳的废筒，通过该机可以自动打散搅拌均匀，再利用种菇。

4. 灵活轻便 机身自重120千克，体积100厘米×90厘米×90厘米(长×宽×高)，占地面积仅2平方米，是我国近代食用菌培养料搅拌机械体积小、产量高、操作方便、实用性强的理想设备。因此，产品一面世就受到菇农欢迎，福建省内抢先推广，销往浙、赣、鄂、湘、川、陕、冀、豫、鲁及东北各省菇区，并出口日本、马来西亚等国家。每台出厂价ZWA型3 880元，ZWB型4 300元。为方便菇农，该厂设立服务部，免费提供资料与光盘。地址：福建省古田县河东路5号(邮编：352200)。咨询电话：0593-3833062；手机：13706027773。

(三)培养料装袋机

主要用于培养料装袋，常用的有福建省古田产ZW多功能装袋机、辽宁省朝阳产ZDⅢ(Ⅱ)型、河南省兰考产ZD-A型多功能装袋机。配用0.75千瓦电动机，普通照明电压，生产能力2 000～2 500袋/台时，配用多套口径不同的出料筒，可装不同折幅的栽培袋。

具有一定规模的生产基地，可选用ZYD-17、ZYD-15、ZYD-20现代化自动装袋生产线的机械设备。生产能力1 500袋/时，配电源380伏，功率3千瓦，可装不同规格的折角袋。自动化程度比较高，且装料均匀，质量理想，适于企业大规模生产。

(四)产品烘干机

1. SHG 电脑控制燃油脱水烘干机 该机每次可加工鲜菇 500 千克。

2. XA-500 型脱水机 其结构简单,热交换器安装在中间,两旁设防火板。上方设进风口,中间配 600 毫米排风扇;两边各设置 1 个干燥箱,箱内各安装 13 层竹制烘干筛。箱底两旁设热气口。机内设 3 重保温,中间双重隔层,使菇品烘干不焦。箱顶设排气窗,使气流在箱内流畅,强制通风脱水干燥,是近年来广为使用的理想脱水机。鲜菇进房一般 10～12 小时干燥,每次每台可加工鲜菇 250～300 千克。该机系福建省古田县祥为干燥设备研究所助理研究员王祥为,精心设计研制成功。咨询电话:0593-3653326。XA-500 型脱水烘干机结构见图 2-2。

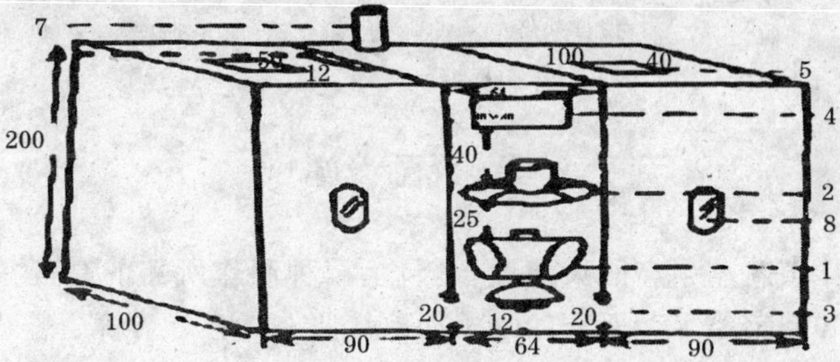

图 2-2 XA-500 型脱水机 (单位:厘米)

1. 热交换器 2. 排风扇 3. 热气口 4. 进风口
5. 热风口 6. 回风口 7. 烟囱 8. 观察孔

3. 热气循环式干燥机 此种机型是在隧道式干燥机原

理的基础上，结合柜式干燥机特点研制而成。供热系统由常压热水锅，散热管，贮箱，管道及放气阀门、排湿阀门等组成。燃料用煤、柴均可。采取热流循环，利用水的温差使锅炉与散热器之间形成自然对流循环，使供热系统处于常压下运行，较为安全。烘房内设 90 厘米×95 厘米烘筛 80 个，1 次可摊放鲜菇 700 千克。烘出干燥品色泽均匀，形态完整，产品档次高。专业性加工厂场必备。该机组结构见图 2-3。

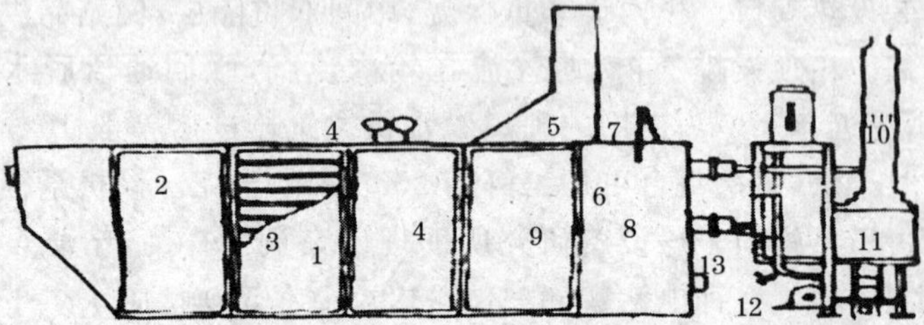

图 2-3　热水循环式干燥机结构

1. 左风机　2. 烘干房　3. 烘筛　4. 温度计　5. 排湿室　6. 余热回收门　7. 冷风门　8. 热交接器　9. 贮水箱　10. 烟囱　11. 热水锅　12. 鼓风机　13. 右风机

八、灭菌设施

茶薪菇生产的灭菌设备，包括菌种制作所需的高压灭菌器和栽培袋灭菌所需的常压灭菌灶两类。它是茶薪菇袋栽不可缺少的一种设备。

（一）高压灭菌锅

原种和栽培种生产数量多，必须选用立式或卧式高压灭菌锅。其规格分为 1 次可容纳 750 毫升的菌种瓶 100 个、200 个、260 个、330 个不等。除安装有压力表、放气阀外，还有进水管、排水管等装置。卧式高压灭菌锅操作方便，热源用煤、柴均可。高压灭菌锅的灭菌原理是：水经加热产生蒸汽，在密闭状态下，饱和蒸汽的温度随压力的加大而升高，从而提高蒸汽对细菌及孢子的穿透力，在短期内可达到彻底灭菌的目的。因此，它是菌种厂必备的生产设备。

（二）蒸汽炉节能灭菌灶

它是由蒸汽炉和框架罩膜组成的常压灭菌灶。常见的蒸汽炉有浙江省庆元菇星节能机械公司生产的 GLSG 常压灭菌蒸汽炉；还有河南省西峡县生产的 CMQ-5 型常压蒸汽炉、辽宁省朝阳市生产的 WQS 常压热水锅炉。栽培者也可以利用油桶加工制成蒸汽发生器。这些灭菌设备具有出汽量大、其功能利用率达 83%以上，比传统灭菌灶可节省燃料 60%多；操作方便，每次灭菌的料袋数量可多可少，多的 3 000～4 000 袋，少的 1 000 袋均可，一般栽培户均适合。灶体结构见图 2-4。

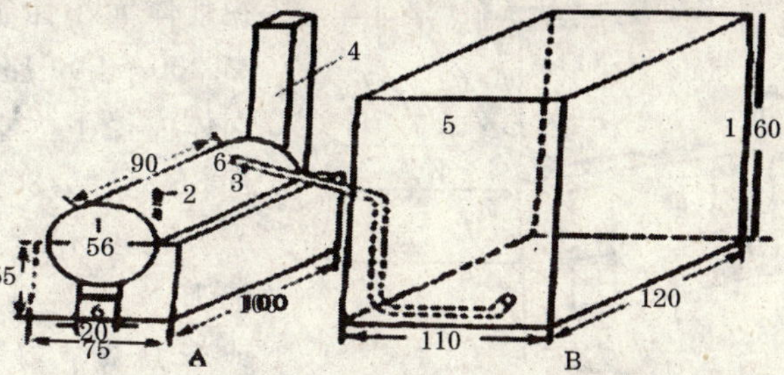

图 2-4　蒸汽炉节能灭菌灶　（单位：厘米）

A. 蒸汽炉　B. 灭菌箱

1. 油桶　2. 加水孔　3. 蒸汽管

4. 烟囱　5. 灭菌箱　6. 火门

(三)钢板锅大型灭菌灶

此灶是近年来在大规模茶薪菇生产中,设计的一种灭菌设备。该灶由砖砌成长方形灶台,装配等同的钢板制成的平底锅。锅上安装 8 条木桩,离锅底 20 厘米。料袋重叠装在垫条上,然后罩薄膜和篷布,1 次可灭菌 1 万～3 万袋。其灶体规格不同,分别长 280～350 厘米,宽 270～350 厘米,高 60～80 厘米。灶体砌成半地下式,其中地平以下 40～50 厘米,地平以上 20～35 厘米,方便装卸料袋。灶台正面上半部为炉膛,长与灶体同,设 2 个燃烧口,宽 40～43 厘米,高 55～60 厘米,内装活动炉排,下半部为通风道及清灰坑。灶台对面砖砌烟囱,高视灶体大小而定,一般高 350～500 厘米。烟囱体内径下大上小,下部 36 厘米×36～60 厘米×80 厘米,上部24～45 厘米。燃料为木柴或蜂窝煤。蜂窝煤每铁筐装 160 块,一个燃烧口进 2 筐,2 个燃烧口 1 次进 4 筐共 640 块。灶台上的平底锅采用 0.4 厘米的钢板焊制成,长、宽与灶台相等,高 60～70 厘

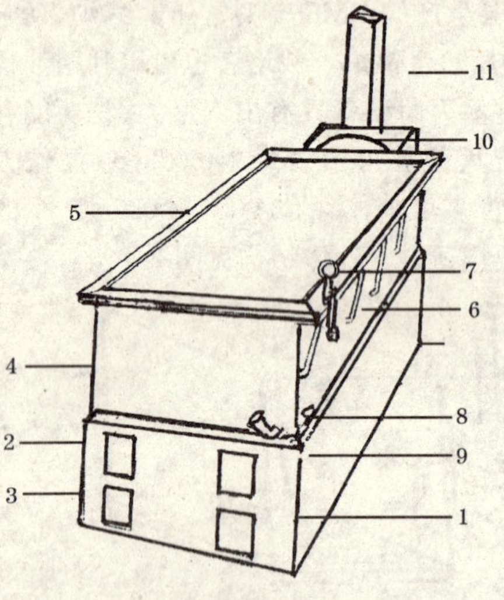

图 2-5　钢板大型灭菌灶

1. 砖砌灶台　2. 燃烧口　3. 退灰口　4. 钢板锅　5. 锅缘旁　6. 钢钩　7. 扣链　8. 测湿口　9. 排水口　10. 加水口　11. 烟囱

米。锅口缘旁宽 12～15 厘米，设有加水口和排水口及水位观察口。四周设钢钩和压力紧固座罩，供料袋装灶罩膜盖布后，扎绳紧固(图 2-5)。

第三章　茶薪菇菌种生产

一、菌种制作的误区与注意事项

(一)菌种生产常见误区

1. 引种时间误差　有人认为茶薪菇栽培无明显季节时限,因此在引种时间上,常发生失误的是超前引种,制作,结果菌种成熟了,而离栽培的时间相差较长,等到季节来临时,菌种已老化,接种后菌丝失去活力。也有的引种时间太迟,栽培季节已到,而菌种的菌丝还没走满 50%,待菌丝走满袋时,错过了最佳栽培季节,第一潮菇也就不能及时拿到手,而影响生产效益。

2. 邮购影响种质　从外地邮购茶薪菇菌种,邮程较长,加之菌种包装,邮件包裹密不透气,菌种严重缺氧,温度又高,进门后菌种菌丝已经萎缩,有的老化。菌种质量明显降低,这样的菌种用于生产,保险系数低。

3. 制种设备不配套　菌种生产场地环境卫生差,厂房工作间(室)简陋。无菌操作,培养控温等设备不全。尤其是茶薪菇栽培种都在 6～7 月份高温期制作,又无空调降温设施,致使菌种受高温袭击,菌丝萎缩。

4. 盲目逐级扩繁　有人认为茶薪菇菌种分离培育比香菇、银耳粗放,于是就采取菇体组织分离获得母种,没经出菇试验,就盲目扩大繁殖原种和栽培种,卖给农民。结果菌袋生理成熟久不出菇，农民把栽培袋运到制种户来交涉，惹来了不少麻烦。

5. 操作技术失误 菌种生产关键环节把关不严，菌种成品率不高，这在农家自行扩大培育栽培种中较为普遍。有的菌种培育结束后成品率仅80%，有的还达不到70%。成品率低就增加了生产成本，影响种菇效益。

（二）引用菌种注意事项

茶薪菇菌种引用时，要注意以下几方面。

1. 制种单位资质认定 菌种分为母种、原种和栽培种3个级别。菌种生产和销售单位必须经上级农业行政主管部门资质认定，具备制种设施、专业科技人员、制种工艺和《工商营业执照》、《菌种生产经营许可证》方可生产和销售菌种。随着食用菌科学技术的普及，凡具备制种专业技术的菇农，可以从上述单位引进母种，自行扩大培养原种和栽培种，用于生产茶薪菇，降低成本。

2. 选种先选制种人 引种首先选择种源单位，对天花乱坠的广告宣传，要引起注意，不可轻信盲从。引种前先考核供种单位生产菌种的人，其菌类知识、专业技术、品德水平、菌种质量及其信誉程度。在引种时，咨询有关种质与菌种性状。

3. 邮程安全性 省外邮购菌种，计算好邮程。若邮程过长，应采取快递邮寄。同时木箱包装要紧实，贴"红杯"、"小心"标志，防止装卸震动破管或破瓶，确保菌种安全。

4. 菌种进门严格把关 菌种进门必须实行"三看"：一看标签上的菌种名称、菌株代号、接种时间，是否符合所要求的品种；二看试管或菌种瓶壁的菌丝生长是否旺盛雄壮，有无间断或污染、老化；三看管口或瓶口棉花塞是否松脱，管、瓶有无破裂。逐项认真检查，把问题发现在制种之前，防止失误。

5. 母种不宜无限扩大 母种要求纯度高，转管扩接控制不超过5次。事实表明，长期无限制地转管扩大，在这过程中不可避免地会发生菌种退化；甚至会感染某些病菌，必将给生产带来严重损失。

二、菌种生产基本设施

（一）菌种厂布局原则

1. 远离污染源 菌种厂必须远离禽舍，畜圈，仓库，生活区，垃圾场，粪便场，厕所，扬尘量大的工厂（水泥厂、砖瓦厂、石灰厂、木材加工厂等），其最小距离为300米。菌种厂应坐落在地势稍高，四周空旷，无杂草丛生，通风好，空气清新之处。

2. 严格划界分区 按照微生物传播规律，严格划分带菌区和无菌区。两区之间拉大距离。原料、晒场、配料、装料等带菌场所，应位于风向下游西北面；灭菌、冷却、接种、培养各无菌场所，应为风向上游东南面。办公、出菇、试验、检测、生活等场地，应设在风向下游。

3. 流水作业顺畅 菌种厂布局结合地形，方位，科学设计，结构合理。按生产工艺流程，形成流水作业走向顺畅，防止交错，混乱。标准化菌种厂布局见图3-1。

4. 内装修基本要求 各作业间在内装修上要求水泥抹地，磨光，便于冲洗；内墙壁接地四周要砌成半圆形。墙壁刷白灰。冷却室，接种室的四周墙壁及天花板需油漆，防潮。冷却室需安装空气过滤器，并配备除湿和制冷设备。

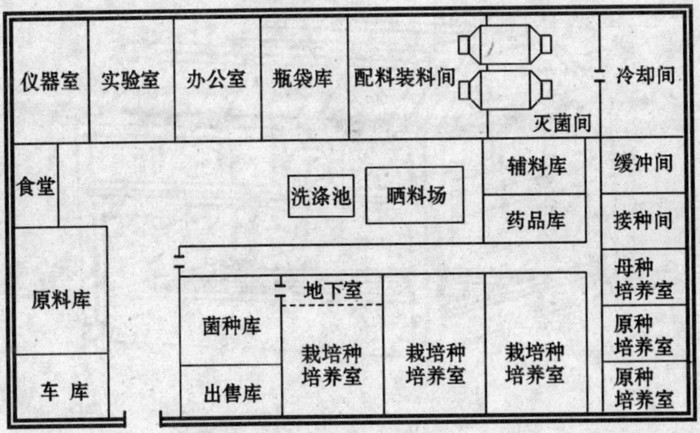

图 3-1 标准菌种厂设施布局示意图

(二)无菌特殊设施

1. 无菌室 无菌室又称接种室,是进行菌种分离和接种的专用房间。其结构分为内、外两间,外间为缓冲室,面积约 2 米,高约 2.5 米。房顶装天花板,地面、墙壁要平整光滑,无缝隙;门窗要紧密,并与内墙面平齐。在距工作台最远处安装滑轮移动门,以减少空气流动。朝南或朝北的一面,最好安装双层固定玻璃窗。通气窗要开设在房门上方的天花板上,窗口安装窗纱。尼龙窗有条件的可安装空气过滤器。工作台要求面平、光滑,台上置有酒精灯、接种工具、70%酒精、5%苯甲酸溶液、小喷雾器、脱脂棉、玻璃棒、火柴等。接种室内工作台的上方及缓冲室的中央,均安装紫外线灭菌灯(波长 253 埃,30 瓦)及日光灯各一盏。

2. 接种箱 母种和原种接种常在接种箱内进行,接种箱采用木条做骨架,制成密闭式箱柜,装配玻璃。其结构见图 3-2。

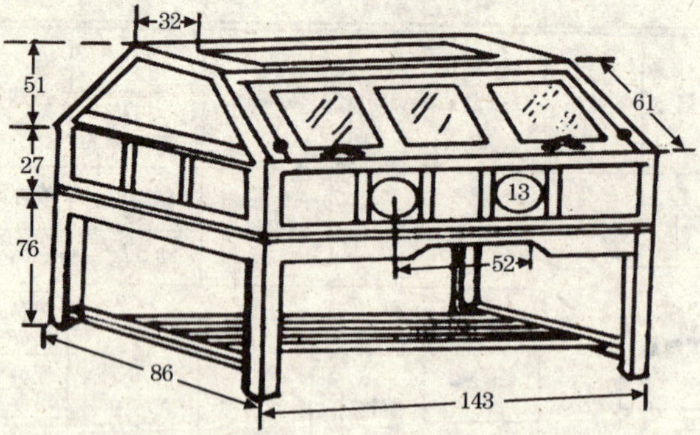

图 3-2　接种箱　(单位:厘米)

3. 紫外线灭菌灯　一种高压或低压电流发生灭菌紫外线的水银灯,是接种室、接种箱的一种装置。紫外线灭菌灯的灯管,功率有 15 瓦、20 瓦、30 瓦不同规格,一般以 30 瓦比较常用。功率越大,杀菌力越强。辐射的有效区与时间:在灯管周围 1.2 米以内为有效区。因此,灯管应固定在工作台上方 1.2 米处,每次辐射 30 分钟,空气中 95%的细菌可被杀死。一般 10 立方米的空间,安装 1 支灯管即可。紫外线灭菌后,不要立即启用日光灯。因为通过紫外线辐射致死或损伤的微生物,通过自然光照射又能复活,称为光复活。因此,在白天使用紫外线灭菌时,无菌室或接种箱要用黑窗帘遮光 30 分钟,防止光复活,以提高灭菌效果。

4. 超净工作台　超净工作台是一种局部净化空气的装置,通过净化技术能使一定工作区内的空间达到相对无尘、无菌状态。它的特点是,接种数量不受无菌室空间的限制,操作比较简易,有利于改善接种人员的工作条件。瓶(袋)搬动少,损耗少，接种效率高，一般比接种箱提高3倍以上，适于大规模生产菌种。

使用时，工作台必须安装在洁净的房间内，或灰尘量较少、有油漆地面的室内。超净工作台按其气流方向分为平层气流与垂直气流两种。其结构由箱体和操作区配电系统等组成。其中箱体包括负压箱、风机、静压箱、预过滤器、高效空气过滤器，以及减震、消毒等部分。在炎热的夏季工作时，可使接种人员感到凉爽舒适，是专业性制种单位必备的设施。

(三)菌种培养设施

1. 恒温培养室　培养室是培育原种和栽培种的功能房间，其结构和设置要求大小要适中，以能培养5 000～6 000瓶菌种为宜，内设7～8层培养架，架宽60～100厘米，层距33～40厘米，底层离地面20～25厘米，长与高按培养室大小设计。架床垫板最好采用竹片，有利于散热，也可采用木板或塑料板，有较好的保温结构，门窗能关闭严密。在寒冷地区要有双层门窗的夹层墙壁，夹层内填塞保温材料(谷壳、木屑、泡沫塑料等)；有调节温度设备，如安装电炉、红外线灯等，有利于冬季、早春低温时保温，茶薪菇秋栽用的菌种，生产时间常在6～8月份，此时正值高温季节，因此，必须安装空调机，提供适于菌丝生长的理想气候环境，确保菌种生产安全性，种质不受高温侵害。

2. 恒温培养箱　在制作母种和少量原种时，一般均采用电热恒温箱培养。其结构严密，可根据需要的温度，恒定在一定范围内进行菌种培养，专业性菌种厂需购置。但也可用木板自行制造，采用木屑作保温层。箱内上方装乙醚膨胀片，能自动调节温度。箱内两侧各钉2根木条，供搁放托盘用。箱顶板中央钻孔安装套有橡皮圈的温度计。旋扣和刻度盘安装在箱外。箱底两侧安装1个或几个100瓦左右的灯泡，作为加热器。门上装1块小玻璃供观察用。恒温箱的主要原件是恒温器，一般电器商店均可买到。自制的恒温箱见图3-3。

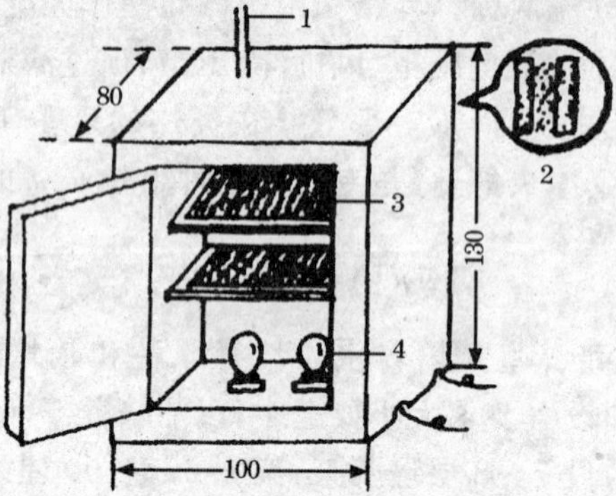

图 3-3　自制恒温培养箱　（单位：厘米）

1. 温度计　2. 木屑填充　3. 架网　4. 灯泡

三、菌种繁殖与分级

（一）菌种繁殖方式

茶薪菇在野外自然状态下，繁殖方式是靠子实体成熟后，产生大量的有性孢子来繁殖下一代。其子实体是特异化的菌丝体，其生命力和再生能力非常强，具有无性生殖的性能。利用茶薪菇的子实体通过组织分离获得菌丝，在培养基中使其恢复到菌丝发育阶段，变成没有组织化，即尚未发生子实体的菌丝，来提取母种。然后逐步扩大繁殖培养大量菌种，用于生产。这是利用茶薪菇无性繁殖特性的一种形式，也就是目前菌种生产扩大繁殖的唯一的手段。用这种方法分离培养的菌种，菌丝萌发快，遗传性稳定，抗逆性强，母系的优良品质基本上可以继承下来，便于保持原来菌种的特性。

另一种是有性繁殖，利用茶薪菇子实体上的许多不同性的孢子着落在培养基上，萌发之后产生不同性的单核菌丝，经异宗结合成双核菌丝，即为母种。有性繁殖所产生的子代，兼有双孢的遗传特性，个体生活力强，可得到高产优质的菌株。但变异性大，必须进行出菇试验，在确实可靠的情况下，才能用于生产。

(二)菌种基本级别

茶薪菇菌种分为母种、原种、栽培种3个级别。

1. 母种 用茶薪菇子实体弹射出来的孢子或子实体分离培养出来的第一次纯菌体，称为母种，也称为一级菌种。母种以试管琼脂培养基为载体，所以常称琼脂试管母种、斜面母种。母种直接关系到原种和栽培种的质量，关系到茶薪菇的产量和品质。因此，必须认真分离，经过提纯、筛选、鉴定后方可作为母种。母种可以扩繁，增加数量。

2. 原种 把母种移接到菌种瓶内的木屑、麦麸等培养基上，所培育出来的菌丝体称为原种，又叫二级菌种。原种虽然可以用来栽培茶薪菇，但因为数量少，用于栽培成本高，必须再扩大成许多栽培种。每支试管母种可移接4～6瓶原种。

3. 栽培种 栽培种又叫生产种。即把原种再次扩繁，接种到同样的木屑培养基上，经过培育得到菌丝体，作为生产茶薪菇的栽培菌种，又叫三级菌种。栽培种的培育可以用玻璃菌种瓶，也可以用聚丙烯塑料折角袋。每瓶原种可扩繁成栽培种60瓶(袋)。

四、母种分离技术

(一)母种培养基配制

茶薪菇母种培养基以琼脂培养基为主。下面介绍3组琼脂培养基制作方法。

配方1 马铃薯250克,葡萄糖25克,硫酸镁0.5克,维生素$B_1$10毫克,琼脂20克,水1 000毫升。通称PDA培养基。

配制时先将马铃薯洗净去皮(已发芽的要挖掉芽眼),称取250克切成薄片,置于铝锅中加水煮沸30分钟,捞起用4层纱布过滤取汁;再称取琼脂20克,用剪刀剪碎后加入马铃薯汁液内,继续加热,并用竹筷不断搅拌,使琼脂全部溶化;然后加水1 000毫升,再加入葡萄糖,稍煮几分钟后,用4层纱布过滤1次,并调节pH值至5.6;最后趁热分装入试管内,装量为试管长的1/5,管口塞上棉塞,立放于试管笼上。分装时,应注意不要使培养基沾在试管口和管壁上,以免发生杂菌感染。

配方2 马铃薯200克,蔗糖20克,磷酸二氢钾3克,琼脂20克,水1 000毫升。称为PSA培养基。

制作方法与培养基配方1相似,只是在加入葡萄糖时,同时加入磷酸二氢钾,煮20分钟后过滤取汁,趁热装入试管中,塞好棉塞,直立放于试管笼上。

配方3 玉米粉60克,葡萄糖10克,琼脂20克,水1 000毫升。称为CMA培养基。

配制时先把玉米粉调成糊状,再加入1 000毫升水,搅拌均匀后,文火煮沸20分钟,用纱布过滤取汁。再加入琼脂、葡萄糖等，全部溶化后，调节 pH 值至 5.6，然后分装入试管内，塞好管口棉塞。琼脂斜面培养基配制工艺流程如图 3-4。

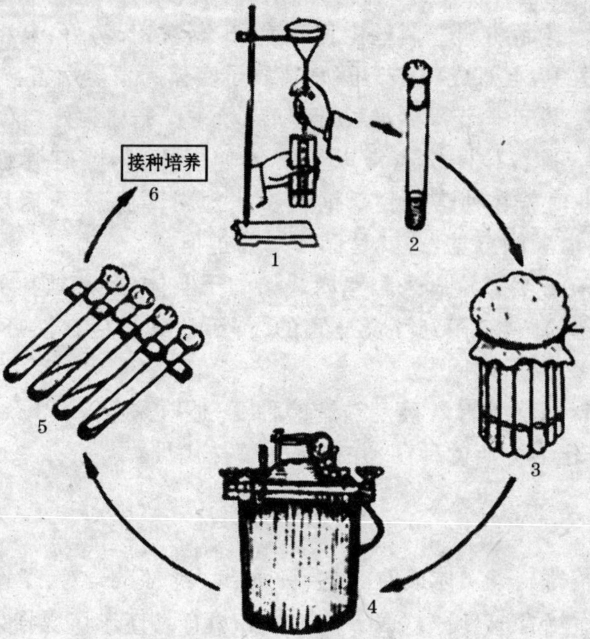

图 3-4　琼脂斜面培养基制作流程

1. 分装试管　2. 塞棉塞　3. 打捆　4. 灭菌
5. 排成斜面　6. 接种培养

(二)标准种菇选择

作为茶薪菇母种分离的种菇，可从野生和人工栽培的群体中采集。各地科研部门，对茶薪菇菌种驯化已取得成效，许多菌株已通过人工大面积栽培，成为定型的速生高产菌株。现有茶薪菇大部分是从人工栽培中选择种菇。下面介绍标准的种菇应具备以下条件及工序：

1. 种性稳定 经大面积栽培证明，普遍获得高产、优质，且尚未发现种性变异或偶变现象的菌株。

2. 生活力强 菌丝生长旺盛，出菇快，长势好；菇柄大小长短适中，七八成熟，未开伞；基质子实体无发生病害。

3. 确定季节 标准种菇以春、秋季产菇体为好。

4. 成熟程度 通常以子实体伸展正常，略有弹性时采集。此时若在种菇的底部铺上 1 张塑料薄膜，1 天后用手抚摸，有滑腻的感觉，这就是已弹射的担孢子。

5. 必要考验 采集室内栽培的子实体，还必须在群体中将被选的菌袋，搬到环境适宜的野外，让其适应自然环境，考验 1～2 天后取回。

6. 入选编号 确定被选的种菇，适时采集 1～2 朵，编上号码，作为分离的种菇，并标记原菌株代号。

(三)孢子分离法

茶薪菇子实体成熟时，会弹射出大量孢子。孢子萌发成菌丝后培育成母种。孢子的采集和培育具体操作规程如下。

1. 分离前消毒 采集的种菇表面可能带有杂菌，可用75％的酒精擦拭 2～3 遍，然后再用无菌水冲洗数次，用无菌纱布吸干表面水分。分离前还要进行器皿的消毒。把烧杯、玻璃罩、培养皿、剪刀、不锈钢钩、接种针、镊子、无菌水、纱布等，一起置于高压灭菌器内灭菌。然后连同酒精灯和 75％酒精或 0.1％升汞溶液，以及装有经过灭菌的琼脂培养基的三角瓶、试管，种菇等，放入接种箱或接种室内进行 1 次消毒。

2. 孢子采集 具体可分整朵插种菇、三角瓶钩悬和试管琼脂培养基贴附种菇等方法。操作时要求在无菌条件下进行。

(1)整菇插种法　在接种箱中，将经消毒处理的整朵种菇插入无菌孢子收集器里。再将孢子收集器置于适温下，让其自然弹射孢子。

(2)三角瓶钩悬法　将消毒过的种菇，用剪刀剪取拇指大小的菇盖，挂在钢钩上，迅速移入装有培养基的三角瓶内。菇盖距离培养基 2～3 厘米，不可接触到瓶壁，随手把棉塞塞入瓶口。为了便于筛选，1 次可以多挂几个瓶子。

(3)试管贴附法　取一支试管，将消毒过的种菇剪取 3 厘米，往管内推进约 3 厘米，贴附在管内斜面培养基表面，管口塞好棉塞，保持棉塞与种菇间距 1 厘米。也可以将种菇片贴附在经灭菌冷却的木屑培养基上，让菇块孢子自然散落在基料上。孢子采集见图 3-5。

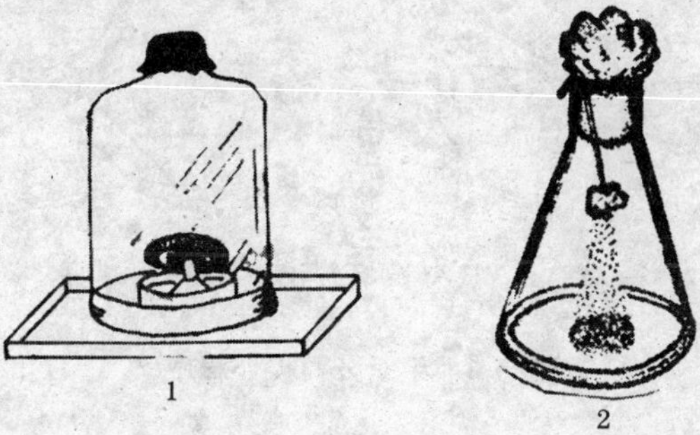

图 3-5　孢子收集

1. 整朵插菇法　2. 钩悬法

(四)组织分离法

组织分离法属无性繁殖法。它是利用茶薪菇子实体的组织块，在适宜的培养基和生长条件下分离、培育纯菌丝的一种简便方法。具有较强的再生能力和保持亲本种性的能力。这种分离法操作容易，不易发生变异。但如果菇体染病，用此法得到的菌丝容易退化；若种菇太大、太老，此法得到的菌丝成活率也很低。组织分离法见图 3-6。

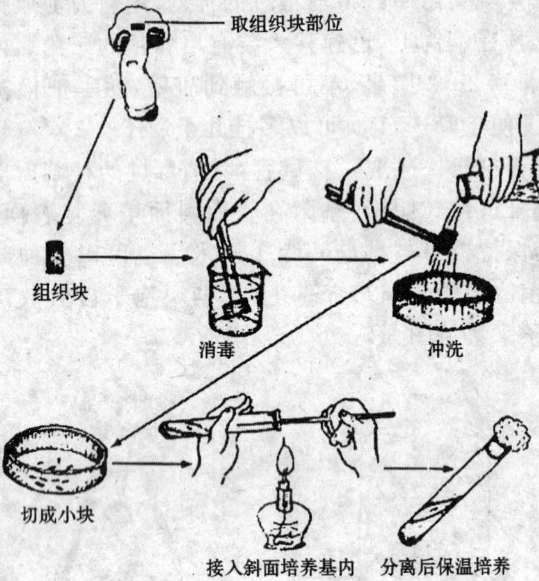

图 3-6　组织分离操作程序

组织分离操作技术规程：

1. 灭菌消毒　切去菇体基部的杂质，放入 0.1％升汞溶液中浸泡 1～2 分钟，取出用无菌水冲洗 2～3 次，再用无菌纱布擦干。

2. 切取种块　将经过处理的种菇及分离时用的器具，同时放入接种箱内，取一玻璃器皿，将 3～5 克高锰酸钾放入其中，再倒入8～10毫升甲醛，熏蒸半小时后进行操作。或用气雾消毒剂灭菌。然后用手术刀把种菇纵剖为两半，在菌盖和菌柄连接处用刀切成3毫米见方的组织块，用接种针挑取，并迅速放入试管中，立即塞好棉塞。

3. 接种培养 将接入组织块的试管，立即放入恒温箱中，在25℃～27℃条件下培养3～5天，长出白色菌丝。10天后通过筛选，挑出菌丝发育快的试管继续培养，对染有杂菌和长势弱的淘汰。经过20～24天的培养，菌丝会长满试管。

(五)母种提纯选育

无论是孢子分离、组织分离，其所得到的菌丝，并不都是优质的。就孢子分离而言，弹射出来的孢子，并不是每一颗孢子都是优质的。有的孢子未成熟，有的生长畸形不能萌发或萌发力弱，也有的孢子萌发后菌丝蔓延困难。因此，孢子采集后还必须提纯选育，也就是在采集许多孢子后，再用连续稀释的方法，获得优良孢子进行培育。

1. 吸取孢子悬浮液 在接种箱内，用经过灭菌的注射器，吸取5毫升的无菌水，注入盛有孢子的培养皿内，轻轻搅动，使孢子均匀地悬浮于水中，即成孢子悬浮液。

2. 孢子稀释 将注射器插上长针头，吸入孢子悬浮液，让针头朝上，静放几分钟，使饱满的孢子沉于注射器的下部，推去上部的悬浮液，吸入无菌水将孢子稀释。

3. 接入培养基表面 把装有培养基的试管棉塞拔松，针头从试管壁处插入，注入孢子悬浮液1～2滴，使其顺培养基斜面流下，再抽出针头，塞紧棉塞，转动试管，使孢子悬浮液均匀分布于培养基表面。

4. 培养成母种 接种后将试管移入恒温箱内培养，在

25℃～26℃下培养15天，即可看到白色茸毛状的菌丝分布在培养基上面，待走满试管经检查后，即为母代母种。

(六)母种转管扩接

无论自己分离获得的母种，或是从制种单位引进的母种，直接用作栽培种，不但成本高、不经济，且因数量有限，不能满足生产上的需求。因此，一般对分离获得的一代母种，都要进行扩大繁殖。即选择菌丝粗壮、生长旺盛、颜色纯正、无感染杂菌的试管母种，进行转管扩接，以增加母种数量。一般每支一代母种可扩接成5～6支。但转管次数不应过多，因为转管次数太多，菌种长期处于营养生理状态，生命繁衍受到抑制。因此，母种转管扩接，一般最多不超过5次。

1. 涂擦消毒　将双手和菌种试管外壁用75％酒精棉球涂擦。

2. 合理握管　将菌种和斜面培养基的两支试管用大拇指和其他四指握在左手中，使中指位于两试管之间，斜面向上，并使它们呈水平位置。

3. 松动棉塞　先将棉塞用右手拧转松动，以利于接种时拔出。右手拿接种针，将棉塞在接种时可能进入试管的部分，全部用火灼烧过。

4. 管口灼烧　用右手小指、无名指和手掌拔掉棉塞、夹住。靠手腕的动作不断转动试管口，并通过酒精灯火焰。

5. 按步接种　将烧过的接种针伸入试管内，先接触没有长菌丝的培养基上，使其冷却；然后将接种针轻轻接触菌种，挑取少许菌种，即抽出试管，注意菌种块勿碰到管壁；再将接种针上的菌种迅速通过酒精灯火焰区上方，伸进另一支试管，把菌种接入试管的培养基中央。

6. 回塞管口 菌种接入后，灼烧管口，并在火焰上方将棉塞塞好。塞棉塞时不要用试管去迎棉塞，以免试管在移动时吸入不净空气。

7. 操作敏捷 接种整个过程应迅速、准确。最后将接好的试管贴上标签，送进培养箱内培养。母种转管扩接无菌操作方法见图3-7。

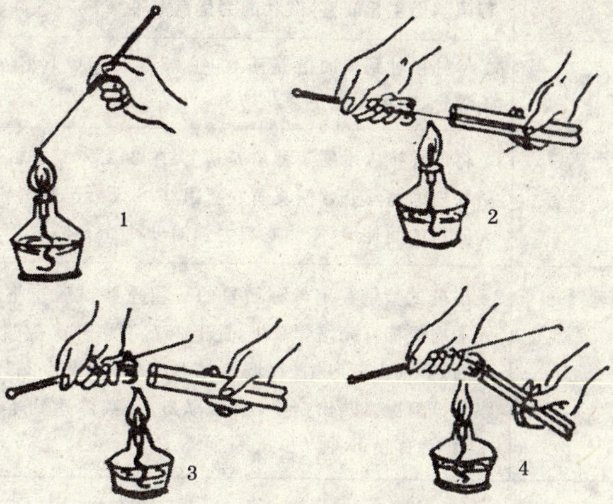

图3-7 母种转管扩接无菌操作

1. 接种针消毒 2. 无菌区接种 3. 棉塞管口消毒 4. 棉塞封口

(七)母种育成与检验

扩接后的母种，置于恒温箱或培养室内培养，在23℃～26℃恒温环境下，一般培养15～20天，菌丝走满管，经检查剔除长势不良或受杂菌污染等不合格外，即成母种。无论是引进的母种或自己扩管转接育成的母种后，一定要经过检验，其内容见表3-1。

表 3-1 茶薪菇母种质量检验标准

检验项目	菌种性状表现
感官测定	肉眼观察斜面菌丝，若长势均匀、健壮有力，无间断节裂，无杂菌污染，则表明菌丝生长良好
抗逆力测定	将母种接在斜面培养基上，置于 26℃下培养 5 天，再移入 30℃～35℃高温下培养半天，再放到适温 26℃下培养，若菌丝仍生长旺盛，健壮的为优良菌种
长速测定	母种接种到斜面培养基上，在 23℃～26℃下培养 20 天长满管，则为长速正常
吃料能力测定	将母种接入木屑菌种培养基上，在 26℃下培养 3～5 天，菌种周围菌丝开始恢复萌发新菌丝；6 天后已吃料定植，10 天向料中间伸展，则为吃料力强的母种
出菇试验	出菇试验是鉴定母种质量的一项重要试验。将母种接入木屑或棉籽壳培养基中，置于 26℃下培养。待菌丝长满袋后，移入出菇房棚内，调节好温、湿、气、光生态环境，观察出菇情况。若出菇早，出菇率高，子实体达到本品种要求，则为优良母种

五、原种制作工艺

原种是由母种繁殖而成，属于二级菌种，育成后作为扩大繁殖栽培种用的菌种。因此，对培养料要求高，制作工艺精细。具体技术规程如下。

(一)原种生产季节

原种制作时间，应按当地所确定茶薪菇栽培袋接种日期为界限，提前 70～80 天开始制作原种。菌种时令性强，如菌种跟不上，推迟供种，影响产菇佳期；若菌种生产太早，栽培季不适应，放置时间拖长，引起菌种老化，导致减产或推迟出菇，影响经济效益。

（二）培养基配制

原种培养基配方常用以下4组。

1. 木屑培养基配方

配方1　木屑67%，麦麸30%，蔗糖1.5%，石膏粉1.5%。

配方2　木屑70%，麦麸25%，蔗糖3%，石膏粉1.5%，硫酸镁0.5%。

2. 棉籽壳培养基配方

配方1　棉籽壳70%，杂木屑15%，麦麸13%，石灰粉2%。

配方2　棉籽壳63%，杂木屑20%，麦麸15%，石灰粉1%，碳酸钙1%。

3. 混合培养基配方

配方1　棉籽壳50%，木屑20%，麸皮10%，玉米粉15%，菜籽饼粉（或棉籽饼粉）3%，石膏粉1%，糖0.5%，磷酸二氢钾0.4%，硫酸镁0.1%。

配方2　木屑54%，玉米粉25%，麦麸15%，石膏粉1%，磷酸二氢钾0.4%，茶籽饼粉或其他籽饼粉4%，硫酸镁0.2%，红糖0.4%。

4. 谷物培养基配方

配方1　小麦（大麦、燕麦）40%，木屑30%，玉米粉16%，麦麸8%，石膏粉1%，茶籽饼粉4%，磷酸二氢钾0.4%，硫酸镁0.2%，红糖0.4%。

配方 2　玉米粒培养基：玉米粒 80%，杂木屑 15%，石膏粉 1%，麦麸 4%。

配制方法：按比例称取木屑和棉籽壳、麦麸、蔗糖、石膏粉。先把蔗糖溶于水，其余干料混合拌匀后，加入糖水反复拌匀。棉籽壳拌料妥后，须整理成小堆，待水分渗透原料后，再与其他辅料混合搅拌均匀。检测含水量一般掌握 60%，pH 值为 6.5。谷物培养基制作参照栽培种制作工艺(三)麦粒培养基制作技术。

(三)装瓶灭菌

原种多采用 750 毫升的广口玻璃菌种瓶，也可用聚丙烯菌种瓶或塑料袋。培养料要求装得下松上紧，松紧适中，过紧缺氧，菌丝生长缓慢；太松菌丝易衰退，影响活力，一般以翻瓶料不倒出为宜。装瓶后也可采取在培养基中间钻 1 个 2 厘米深、直径 1 厘米的洞，可提高灭菌效果，有利于菌丝加快生长。装瓶后用清水洗净、擦干瓶外部，棉花塞口；再用牛皮纸包住瓶颈和棉塞，进行高压灭菌。

木屑培养基灭菌以 0.147 兆帕压力保持 2 小时。棉籽壳培养基高压灭菌，保持 2.5～3 小时。棉籽壳含有棉酚，有碍茶薪菇菌丝生长，因此在高压灭菌时采取 3 次间歇式放气法排除，详见栽培种制作工艺(二)综合培养基栽培种制作技术中的“料袋灭菌”。

(四)原种接种培养

原种是由母种接入，每支母种可扩接原种 4～6 瓶，具体操作方法见图 3-8。

原种培养室要求清洁、干燥和凉爽。接种后 10 日内，室内温度保持 23℃～26℃。由于菌丝呼吸放出热量，当室温达到25℃时，瓶内菌温可达30℃左右，所以室温不宜超过 27℃。如果温度过高，则菌丝生长差，影响菌种质量。室温超过规定标准时，应采用空调降至适温，同时加强通风。室内空气相对湿度以 70%以下为好。原种培养室的窗户，要用黑布遮光，以免菌丝受光照刺激，原基早现，或基内水分蒸发，影响菌丝生长。当菌丝长到培养基的 1/3 时，随着菌丝呼吸作用的日益加强，瓶内料温也不断升高。此时室温要比开始培育时降低 2℃～3℃，并保持室内空气新鲜。20 天之后室温应恢复至 25℃。

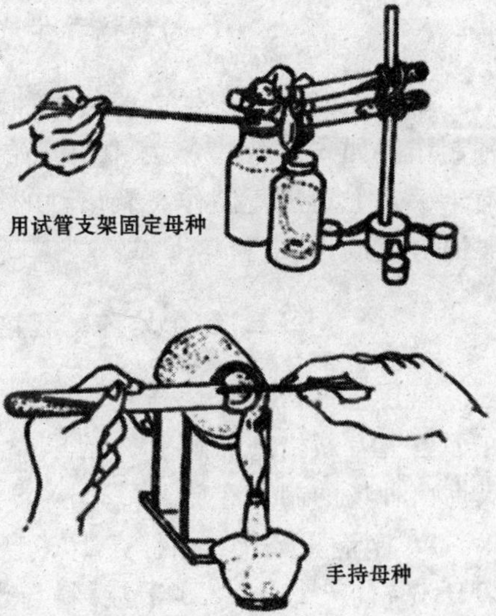

图 3-8　母种接种原种示意图

六、栽培种制作工艺

栽培种是由原种进一步扩大繁殖而成，每瓶原种可接栽培种 60 袋。有条件的菇农可进行栽培种的生产，这不仅节约开支，而且还可免去购买菌种的长途运输。

(一)栽培种生产季节

按茶薪菇大面积生产菌袋接种日期，提前 40 天进行栽培种制作。如安排秋栽，8 月中旬开始菌袋生产，其栽培种要提前于 7 月上旬进行制作。栽培种的培养基可采用棉籽壳或木屑混合配成，或麦粒培养基。

(二)综合培养基栽培制作技术

福建省古田县茶薪菇栽培种，多数采取混合料培养基，并在灭菌上有新措施。这里介绍年产茶薪菇菌种 50 万瓶的黄庆询菌种场的制种经验。

1. 培养基配方 棉籽壳 100 千克，杂木屑 20 千克，麦麸 20 千克，石灰 1.2～1.5 千克，料与水比例 1∶1～1.2。混合拌匀，装入 12 厘米×24 厘米的菌种袋，每袋湿重 500 克多些。

2. 料袋灭菌 采用高压灭菌 3 次放气。方法：第一次当锅内压力达 0.49 兆帕时，打开排气阀，排除锅内冷气，待压力降到 0 时，再关闭，让气压上升至 0.24 兆帕第二次打开排气阀，让袋内氨气排除；当压力降至 0.176 兆帕时，再关好阀门，让气压回升到 0.245 兆帕时，再行第三次放小气 15 分钟，而后以 0.245 兆帕保持 5 个小时，达到彻底灭菌。菇农制作栽培种，也可采用常压灭菌，100℃以上保持 24 小时。

3. 接种培养 待料温降至 28℃以下时，在无菌条件下接入茶薪菇原种。每袋原种接栽培种 60 袋。接种后菌袋摆放于室内架床上。培养架 6～7 层，层距 33 厘米，菌袋采取每 3 袋重叠摆列，每列菌袋间留 10 厘米通风路。每平方米架床可排放 180 袋。菌种培养温度控制在 25℃条件下，培养 35～38

天，菌丝走至离袋底 1～2 厘米时，正适龄，生活力强，即可用于栽培茶薪菇。原种接栽培种方法见图 3-9。

图 3-9 原种扩接栽培方法

（三）麦粒培养基栽培种制作技术

1. 培养基配方 下面 2 组培养基配方任选 1 种。

配方 1 小麦（或大麦、燕麦、玉米）40%，木屑 30%，麦麸 8%，玉米粉 16%，石膏粉 1%，茶籽饼粉或棉籽饼粉 4%，红糖 0.4%，磷酸二氢钾 0.4%，硫酸镁 0.2%。料水比 1∶1.3。

配方 2 小麦（或大麦、燕麦、玉米）35%，木屑 30%，麦麸 8%，玉米粉 15%，石膏粉 1%，棉籽壳 10%，红糖 0.4%，磷酸二氢钾 0.4%，硫酸镁 0.2%。料水比 1∶1.3。

2. 浸泡烫煮 先将麦粒除去杂物，用水浸泡。温度低时浸 24 小时，温度高时浸 12～16 小时，使麦粒既充分吸水，又不发芽，以浸水后的麦粒稍显膨胀为宜，一般以麦粒内无夹白心为度。

将浸泡好的麦粒捞起，过 1 次清水，沥干置沸水中烫煮 20～30 分钟，或者煮沸 15～20 分钟。麦粒膨大，无破裂，手压有弹性，一捏即破，而且具有麦粒煮熟后的香味。一般以麦粒熟而不烂,透明发亮的程度为好。

3. 混合拌料 将烫煮好的麦粒捞起,过冷水淋洗 1 次后,沥去多余水分,稍晾干麦粒表面的水分,再拌入木屑或玉米粉、麦麸、棉籽壳和石膏粉等辅料,搅拌均匀,含水量达 60%左右。操作时应先将木屑或棉籽壳与玉米粉、麦麸、茶籽饼粉、石膏粉和碳酸钙等辅料混合干拌,1∶1 的料水比例,加水搅拌匀后与麦粒混合拌匀。

4. 装瓶灭菌 采用 750 毫升的菌种瓶,装量为瓶高的 3/4,装料后擦净瓶壁和瓶口,塞上棉塞即可。河南、江西、湖北采用 500 毫升旧葡萄糖瓶为容器,瓶口小,接种时杂菌入侵机会少。装料后棉花塞口。麦粒(玉米粒)培养基营养丰富,质地坚实,空隙小,灭菌时间应适当延长。一般进行高压灭菌时,应比普通培养基的灭菌时间延长 20~30 分钟;进行常压灭菌时,比普通培养基的时间延长 1~2 小时。灭菌结束及时取出,并用电风扇吹干棉塞,以免留在灶内被余热烘干培养料。

5. 接种培养 经灭菌后的麦粒培养基,应立即搬入接种室或接种箱内,按常规方法进行消毒、接种和培养。

七、规范化无菌操作技术

无论是母种、原种或栽培种,在整个过程都必须注意每个工序的科学性,具体操作技术规程“八要点”。

(一)把握料温

原种和栽培种培养基经过高压灭菌出锅,通过冷却后,一定要待料温降至 28℃以下时,方可转入接种工序。防止料温过高，烫伤菌种。

(二)环境消毒

接种前对接种箱(室)进行消毒净化，接种空间保持无菌状态。工作人员必须换好清洁衣服，用新洁尔灭溶液清洗菌种容器表面，同时洗手。然后将菌种带入接种室(箱)内，取少许脱脂棉，蘸上75%酒精擦拭双手及菌种容器表面、工作台面、接种工具。

(三)掌握瓶量

菌种培养基1次搬进接种箱的数量不宜太多。一般双人接种箱，1次装入量宜80～100瓶，带入相应数量的母种或原种。单人接种箱减半。如果装量过多，接种时间拖延，箱内温度、湿度会变化，不利于接种成品率。

(四)菌种净化

将待接种的培养基(如PDA培养基或原种培养基或栽培种培养基)放入接种箱内或室内架子上，用药物熏蒸消毒。若采用紫外线灯灭菌的，时间20～30分钟，注意用报纸覆盖菌种。

(五)控制焰区

点燃酒精灯开始接种操作，酒精灯火焰周围8～10厘米半径范围内的空间为无菌区，接种操作必须靠近火焰区。

(六)缩短露空

接种针提取菌种时，必须敏捷迅速接入料瓶内，缩短菌种块在空间的暴露时间。

(七)防止烫菌

接种针灼烧后温度上升,不要急于钩取菌种,必须冷却后再取种;菌种出入试管口时,不要接触管壁或管口;也不可缓慢通过酒精灯火焰区,以防烫死或烧死菌种。

(八)清残保洁

每批接种完毕,把菌种搬离箱(室)后,必须把接种过程中的棉塞、菌种表层残留物进行 1 次清除保持清洁,并再行消毒,以便再利用。

八、菌种培养关键技术

获得优良的菌种,这只是菌种分离或选育走完第一步,而更重要的需要按照其种性要求,人为创造相适应的环境条件进行培养,使其继续健康生长。如果培育环境不适应,也会造成种性退化,甚至萎缩死亡,那就前功尽弃,因此菌种培养至关重要。这里介绍菌种培养科学管理“五关键”。

(一)拣杂除害

各级菌种在扩繁接种,转入培养管理后,第一关就是拣杂除害。起拣时间一般是接种后 2 天进行,以后每天 1 次。检查方法,用工作灯照射菌种瓶,认真观察接种块和培养基表面和瓶内四周,有否出现黄、红、黑、绿等斑点和稀薄白色菌丝蔓延。宁严勿疏,一经发现污染杂菌,立即隔离,杜绝污染源。

(二)控制逆温

在春、秋季节自然气温条件下，菌种均适。然而菌种度夏、越冬是处于逆温环境，在这期间应采取降温与升温措施。专业性的菌种厂必须安装空调机，便于度夏降温。若无条件安装电力降温设备的制种户，可搬到高海拔山区制种，或在依山傍水的荫蔽地建造度夏菌种培育室，屋顶遮阴喷水降温，内设风扇、排气扇、加速热气排出。但注意的是：室内不可喷水，以免引起杂菌污染；同时菌种应采取稀排散热，避免菌温骤增。越冬升温采取室内安装暖气管或炉锅蒸汽管并输入暖气片，使暖气管升温，这种加温设备很理想。采用空调机升温更好。一般菌种厂可在培养室内安装电炉或保温灯泡升温。如果采取煤炭炉升温的，应设排气筒，排气于室外。同时，要注意瓶内菌温一般会比室温高 2℃～3℃，因此升温时，应掌握比室温调低 2℃～3℃为宜。随着菌丝生长发育进展，菌温也逐步上升，因此在室温的基础上，每 5 天需降低 1℃，以利于菌种正常发育。

(三)干燥防潮

菌种培养阶段是在固定容器内生长菌丝体，只要培养基内水分适宜，湿度控制比较容易。培养室内的空气相对湿度要求控制在 70%以下，目前主要依照自然条件即可。但在梅雨季节，要特别注意培养室的通风降湿。因为此时外界湿度大，容易使棉塞受潮，会引起杂菌污染。这个季节可在室内存放石灰粉吸潮，同时利用排风扇等通风除湿。若气温低时，可用加温除湿的办法，降低培养室内的湿度。

(四)排除废气

冬季煤炭加温时，应防止室内二氧化碳沉积伤害菌丝。在培养室温度控制时，应该注意通风透气。在菌种排列密集的培养室内，更应注意适当通风；培养室内上下各设若干窗口，便于冷热空气对流通风。窗口大小依菌种数量多少、房间大小而定。

(五)控制光照

茶薪菇菌种培养不需要光线。在黑暗环境下菌丝正常生长。光线直射会抑制菌丝生长，也会激发原基出现，造成老化；此外，还会使菌种基质水分蒸发，影响菌丝正常生长。

九、原种和栽培种质量标准

(一)菌　龄

用来栽培茶薪菇的菌种，菌龄以 35～40 天，菌丝走至离瓶(袋)底 1～2 厘米为宜。这样的菌种生活力强，定植快，吃料早，污染少。菌种菌龄超过 45 天，开始出现菌被，表面出现淡褐色，表明菌丝开始老化，菌种收缩，过于干燥；或子实体发生，菌丝活力有变弱趋势；老化菌种带杂的可能性较大，接种后污染率较高。

(二)外　观

正常菌种菌丝浓白，健壮有力，走势整齐，无间断、结疤。凡是菌种及棉塞上发现有红、褐、灰、黑、绿、黄色斑点，说明菌种已被杂菌污染，此类菌种属劣质菌种，绝对不能使用。

（三）基　质

正常菌种与瓶、袋壁紧贴，菌丝布满全瓶、袋，看不见培养料，上下内外一致，密集，尖端整齐，茸毛菌丝旺盛。若是菌袋的，手感紧实，稍有弹性。菌种挖出呈块状而不松散。这是优良菌种的表现状况。麦粒菌种，要求麦粒内外充满菌丝。

十、菌种保藏与复壮

（一）菌种保藏方法

引进母种或自行制作的原种、栽培种，若存放时间过长，会使菌丝老化，失水干燥，活力下降。这样的菌种在生产上接种时，易致真菌污染。常用简易的保种方法有以下两种。

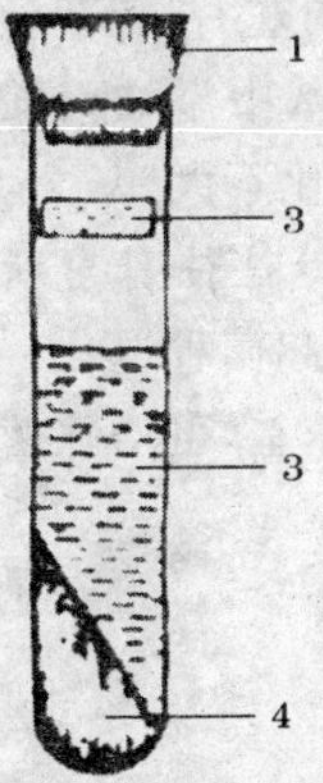

图 3-10　菌种液状石蜡保藏示意图

1. 胶塞　2. 标签　3. 液状石蜡　4. 菌种

1. 低温保藏　将母种先用蜡纸或牛皮纸包住管口，再用橡皮筋扎牢，置于 4℃ 左右的电冰箱内存放，每隔 3 个月移植 1 次。

2. 液状石蜡保藏　在母种试管内灌入无菌液状石蜡，注入量以浸没斜面上方 1 厘米左右为宜，使菌丝与空气隔绝，降低活力。然后在棉塞处包扎塑料薄膜，直放于室内干燥或低温保藏，一般可以保藏 1～2 年（图 3-10）。

3. 改善环境　若原种或栽培种已成

熟，因一时生产衔接不上，延长接种时间，应将菌种放于卫生干燥、避光、阴凉的房间内摆放；瓶或袋之间拉大距离，注意控温、通风、防潮。有条件的可放在空调房间内，调到5℃保藏，防止菌丝老化。

（二）菌种复壮方法

菌种长期保藏或长期使用以及转管次数多，都会导致生活力降低。因此，要经常进行复壮，目的在于确保菌种优良性状和纯度，防止退化。复壮方式有以下几种。

1. 分离提纯 重新选育菌种。在原有优良菌株中，通过栽培出菇，然后对不同系的菌株进行对照，挑选性状稳定、没有变异比其他菌株强的，再次分离，使之继代。

2. 活化移植 菌种在保藏期间，通常每隔3～4个月要重新移植1次，并放在适宜的温度下培养1周左右，待菌丝基本布满斜面后，再用低温保藏。但应在培养基中添加磷酸二氢钾等盐类，起缓冲作用，使培养基pH值变化不大。

3. 更换养分 菌种对培养基的营养成分往往有喜新厌旧的现象，连续使用同一种木屑培养基，会引起菌种退化。因此，注意变换不同树种和不同配方比例的培养基，可增强菌种生活力，促进良种复壮。

第四章　茶薪菇高效栽培菌袋生产工艺

一、制袋常见的误区

(一)盲目追求数量，广种薄收

前些年茶薪菇栽培效益很好，栽培 1 000 袋可获利 2 000～3 000 元，而且市场价格较好。后来由于产区发展较快，产量突升，价格滑坡，所以不少菇农采取一味追求栽培数量来争取效益。有的乡村 30%的农户栽培数量达 5 万袋以上，50%农户都栽 2 万～3 万袋。由于栽培量过大，管理不好，操作技术失控，结果产量反而下滑，导致效益欠佳。

(二)季节安排不当，错过长菇佳期

有人认为茶薪菇属于中高温菌类，对温度能耐性较强，所以栽培季节就不加注意，出现随时任意制袋接种，造成两种不好的效果：一是制袋期处于高温，接种后杂菌污染率高，使成品率下降，成本增加；二是盲目制袋，春季 5～6 月份制袋接种，发菌培养 2 个月后，出菇正逢盛夏，长菇困难，少量出菇，但菌袋养分消耗量增大，影响越夏后的正常长菇，以至产量低；秋季推迟接种，发菌时间拖长，到长菇时正逢寒冬低温期，长菇量少；加温培养成本又增大，影响了整体经济效益。

（三）配料不科学，碳氮比失调

在茶薪菇培养料配制中，很多栽培者都盯着营养因素，总想靠多添加些尿素、复合肥等化学单质营养辅料，来达到补充营养的目的，而忽视对富含高蛋白的麦麸等的适量配用。结果含氮量过多，菌丝生长过旺，拖延了生殖生长时期，以至延误最佳长菇期。

（四）以碱抑菌，适得其反

不少栽培者认为，在培养料配制中添加石灰偏碱些，可抑制杂菌污染，可防止培养料酸败。因此有人石灰用量达5%，甚至超过这个标准。然而菌丝繁殖环境中的pH值水平，直接影响菌丝酶的活性。培养料中碱性偏大，金属离子遇强碱性会很快合成碱性盐，从而直接影响到培养料中的磷、钾等营养元素的利用率，同时培养料碱性过大，接种后菌丝无法吃料定植。

（五）堆料发酵失控，基质养分破坏

茶薪菇栽培基本上采用熟料栽培，也就是培养料装袋、常压高温灭菌处理。对发酵料栽培没引起重视，而在发酵技术上也没做到位。有的栽培者认为发酵时间越长越好。因此就仿效双孢蘑菌发酵1个月，有人按平菇等品种发酵10多天。而对木腐菌的茶薪菇来讲，其培养料发酵时间一般6～8天即可，发酵时间过长，不仅会造成养分的大量损耗，且培养基最佳的物理弹性受破坏，因此常出现接种后，菌丝不吃料或定植缓慢。

(六)操作技术失误，成品率下降

茶薪菇进入规模化生产后，最突出的一个难题是菌袋成品率低。有的栽培户菌袋接种3万个。成品率仅有60%。多因拌料时间拖长，灭菌不彻底，接种无菌操作不严，养菌场所环境条件差，管理生态失控等，造成菌袋受杂菌污染，影响了成品率。

二、菌袋制作技术程序

茶薪菇规范化栽培技术程序，是利用自然气候，菌袋为载体。多层集约化立体栽培的生产模式，获取较好效益，这条技术程序适合我国广大农村应用。菌袋生产工艺见图4-1。

三、菌种的选择

茶薪菇原发生于小乔木油茶树腐朽木根部疏松的土壤中，在我国东南沿海福建、江西和台湾等省，以及云、贵丘陵，直到长江两岸山区均有分布。尤其武夷山麓的闽、赣交界江西省黎川、广昌和福建省的建宁、泰宁、邵武等县，在探索茶薪菇菌种的驯化和菌株选育方面，取得突破性进展。黎川县荷源中学和黎川茶薪菇菌种基地的科技人员，对茶薪菇的品种资源进行了跟踪观察和调查，选优去劣，淘汰基因型相同的重复菌株，强优组合，选育出不同温型的菌株推广技术。福建省古田县庆询茶薪菇菌种场，从省内、外引进优良菌株，经过大面积栽培对比，选育了古茶1号菌株，每年为省内、外供应栽培种50万袋，成为驰名的茶薪菇制种大户。

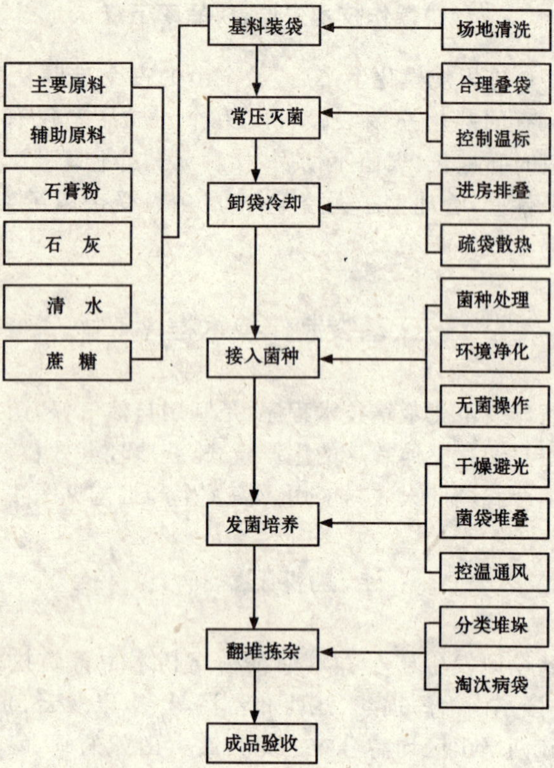

图 4-1　茶薪菇菌袋生产技术程序

(一)菌种温型划分

茶薪菇菌种的温型,按子实体分化发育的温度范围划分。从现有各地选育的品种看,大体划分为以下温型:

1. 中温型菌株　子实体分化发育温度范围为 10℃～22℃,最适温度为 16℃～20℃,产菇期春、秋季为多。

2. 中温偏高型菌株　子实体分化发育温度范围15℃～28℃，最适温度20℃～25℃。产菇期为春末夏初和秋季。

3. 中温偏低型菌株　子实体分化发育温度范围10℃～18℃，最适温度10℃～16℃。产菇期为早春和秋末及冬初。

（二）不同菌株种性特征

现有各地茶薪菇商业性栽培的菌株，大多选用中温偏高型。这里介绍部分菌株（表4-1）。

表4-1　茶薪菇常用菌株种性特征

菌株代号	温　型	子实体生长温度（℃）	种性特征	供种单位
AS-1	中　温	10～25	丛生，菌盖圆整，土黄褐色，边缘有菌皱，菌肉厚，柄脆，味香	江西省农科院微生物研究所0791-7090522
古茶1号	中　高	13～28	丛生，菌盖半球形、褐色，柄脆，清香，菇形外观美，出菇快，周年产菇、产量高	福建省古田县庆询菌种场0593-3891485
赣茶2号	中　高	13～30	丛生，菌盖有麻花点，半球状，锈褐偏黄，菌肉厚，柄粗，味香，抗性强，周年出菇	江西省黎川县黎良菌种基地0794-757505
AS-2	中　温	10～25	丛生，菌盖光滑，球形偏小，黄褐色，柄脆，近白色，味香	河南省科学院生物所菌种厂0371-85722880

续表 4-1

菌株代号	温　型	子实体生长温度(℃)	种性特征	供种单位
闽茶A号	中　高	13～28	丛生,菌盖褐色,带茸毛,半球形;菌柄土黄色,出菇早,转潮快,外观美,味香,产量高	福建省古田县科峰食用菌研究所 0593-3818775
AS. b	中　温	10～24	丛生或单生,出菇快,黄褐色、柄长,圆柱状,生物率100%	江西省赣州情报所菌种研究室
丰茶1号	中　高	14～30	丛生,茶褐色,盖半球形,柄圆,脆,味香,转潮快,产量高,周年生产	福建省古田县永丰食用菌研究所 0593-3818775
强茶1号	中　高	15～28	丛生,菌盖茶褐色,柄圆长适中,脆嫩,味香,形美,出菇快,转化率100%	福建省古田县平湖强力菌种场 0593-3512203
茶薪菇5号	中　高	12～28	菌盖圆形,土黄色,柄脆较白,口感好,出菇50天	华中农业大学菌种实验中心 027-87386167
白茶薪菇	中　高	20～26	丛生,白色,菌盖圆肥厚,外观美,产量高	福建省食用菌学会 0591-83368144
茶薪菇2号	中　高	13～30	丛生,菌盖圆,光滑,柄浅褐,口感好	北京市吉蕈园科技有限公司 010-89862311
茶菇3号	中　高	12～28	丛生,茶褐色至暗红色,朵形美观,味香	山东省金乡镇真菌研究所 0537-8852477

四、生产季节安排

(一)掌握种性特征,把好“两条杠杆”

茶薪菇属于中温型的菌类。菌丝生长最适温度20℃～28℃,出菇中心温度为20℃左右。一般菌株子实体分化发育14℃～25℃,中温偏高型菌株15℃～30℃。根据其生物特性的要求,一般安排春、秋两季栽培为宜。具体把好“两条杠杆”:一是接种后50～60天内为发菌期,当地自然气温不超过30℃;二是从接种日起,往后推50～60天为终止日,进入出菇期,当地气温不应低于14℃、不应超过28℃。

(二)掌握最佳接种期,避开两个不利温区

1. 最佳接种期的重要性　最佳接种期确定是否准确,对菌丝生长和出菇时间关系极大。因为菌袋处于最佳时期接种,有利于菌丝在自然气候条件下正常生长发育,并顺利由营养生长转入生殖生长,养分消耗少,成本低,出菇快、产量高、菇质好,效益高。反之错过季节,虽然也会长菇,但时间长、产量和效益都要受影响。所以确定最佳接种期,是茶薪菇栽培中的一个重要技术环节。

2. 最佳接种期计算方式　最佳接种期是指当地哪一个月份的温度,适合茶薪菇子实体分化发育,以20℃左右的时间为起点,然后倒计时50～60天,即为最佳的菌袋接种期。例如,当地秋季月平均气温28℃左右为10月上旬,倒计时50～60天计算,也就是8月上旬为最佳接种期。此时“立秋”过后,气温一般在30℃以下,接种后经过50～60天菌袋培

养，到10月上旬"寒露"季节进入长菇期，此时自然气温15℃以上，正适合子实体分化发育。由秋、冬直至翌年春季长菇，盛夏高温休止后，到了秋季照常长菇，生产周期1年左右，收获菇量多，因此大面积栽培，秋季接种较为理想。

3. 回避两个不利温区 栽培季节安排时，要回避不利于茶薪菇菌丝体生长和子实体分化发育的两个不利温区。即夏季7～8月份高温期和冬季12月份至翌年1月份低温期，无论是春栽还是秋栽都要掌握。例如，春栽2～3月份接种菌袋，发菌培养50～60天后，到5～6月份进入长菇期，自然气温15℃以上、28℃以下，适合长菇。但长菇时间仅2个月，就进入7～8月份高温期休止，需待9月份气温下降到适温时，才继续出菇。如果提前于冬末早春接种，气温太低，菌丝生长缓慢，生理成熟延长，也是不利一面。因此，采取春栽的地区，南方各地应在海拔600米以上和北方各地夏季气温不超过30℃的地区才适合。

（三）掌握海拔纬度，划分区域产季

我国大部分地区属于温带和亚热带，气候温暖，雨量充沛，在自然条件下，南方沿海地区可进行茶薪菇周年生产。但各地所处纬度不同，海拔高度不一，自然气候差异甚大，根据各地实践经验，产季安排如下。

1. 长江以南诸省 春季宜2月下旬至4月上旬接种菌袋，4月中旬至6月中旬长菇；秋季宜8月下旬至9月底接种菌袋，10月上旬发菇至翌年春季长菇。

2. 华北地区 以河南省中部气温为准，春季宜3月中旬至4月底接种菌袋，5月初至6月中旬长菇；秋季宜7月上旬至8月中旬接种菌袋，8月下旬至10月中旬长菇。大棚内控温不低于15℃,冬季照常长菇。

3. 西南地区 以四川省中部气候为准。春季宜3月下旬至4月中旬接种菌袋,5月下旬至6月底长菇;秋季宜8月初至9月上旬接种菌袋,10月中旬发菇,直至翌年春季长菇。

五、实用培养基配方

(一)杂木屑培养基配方

配方1 油茶树木屑75%,麦麸18%,茶籽饼5%,蔗糖1%,碳酸钙1%(刘瑞壁,2001)。

配方2 杂木屑72%,麦麸25%,石膏1%,蔗糖1%,过磷酸钙0.5%,石灰0.5%(张飞翔,2003)。

(二)棉籽壳培养基配方

配方1 棉籽壳82%,麦麸16%,石灰2%(古田县菇农常用配方,2000)。

配方2 棉籽壳70%,麦麸20%,花生饼5%,玉米粉3%,石膏1%,蔗糖1%(苏玉中,2001)。

配方3 棉籽壳72%,米糠20%,茶籽饼粉5%,石灰1%,蔗糖1%,磷酸二氢钾1%(徐尔尼等,2001)。

配方4 棉籽壳78%,麦麸20%,石膏1%,蔗糖0.5%,石灰0.5%(张飞翔,2003)。

(三)混合培养基配方

配方1 杂木屑38%,棉籽壳37%,麦麸或米糠20%,玉米粉3%,蔗糖1%,碳酸钙1%(黄年来,2000)。

配方2 棉籽壳56%,杂木屑17%,麦麸20%,茶籽饼粉4.8%,碳酸钙1%,磷酸二氢钾0.2%,蔗糖1%(杨小弟,2001)。

配方3 杂木屑40%,棉籽壳30%,麦麸16%,玉米粉6%,茶籽饼5%,石膏1.5%,蔗糖1%,磷酸二氢钾0.4%,硫酸镁0.1%(杨月明等,2004)。

配方4 棉籽壳39%,杂木屑39%,麦麸20%,石膏2%(江西省农业科学院微生物研究所,胡中娥等,2001)。

配方5 杂木屑36%,棉籽壳36%,麦麸20%,玉米粉5%,茶籽饼1%,轻质碳酸钙1%,蔗糖1%(陈政明等,2001)。

配方6 茶籽壳40%,棉籽壳32%,麦麸20%,玉米粉5%,石灰2%,过磷酸钙1%(名优特色菇耳栽培新法,丁湖广、丁荣辉,2004)。

(四)玉米芯培养基配方

配方1 玉米芯37%,杂木屑38%,麦麸23%,石膏1%,过磷酸钙0.5%,石灰0.5%(张飞翔,2003)。

配方2 玉米芯60%,棉籽壳10%,杂木屑10%,麦麸12%,玉米粉6%,石膏1%,蔗糖0.5%,磷酸二氢钾0.4%,硫酸镁0.1%(李银良等,2003)。

(五)甘蔗渣培养基配方

配方1 甘蔗渣60%,棉籽壳10%,杂木屑10%,麦麸12%,玉米粉5%,石膏1.5%,红糖1%,磷酸二氢钾0.4%,碳酸钙0.1%(杨月明,2003)。

配方2 甘蔗渣36%,棉籽壳36%,棉籽饼5%,麦麸

15%，玉米粉5%，石膏1%，红糖1.5%，磷酸二氢钾0.4%，碳酸镁0.1%（杨美良，2003）。

（六）野草培养基配方

芦苇35%，芒萁30%，棉籽壳12%，麦麸20%，蔗糖1.5%，硫酸镁0.5%，石灰1%。

从上述6组培养基配方看，目前商业性大面积生产，多采用第二组棉籽壳为主料的配方。茶薪菇分解木质素的能力弱，棉籽壳富含纤维素，而且蓬松透气性好，有利于菌丝生长发育。由于木屑资源日益缺乏，且与木腐菌香菇在原料上形成争料。所以茶薪菇栽培主料，提倡多采用棉籽壳，产量高，效益好。如果杂木屑资源丰富的地方，可以就地取材，有利于节省成本。据实践表明多种成分组合的培养基，优于单一原料培养基的产菇量。

（七）四种配方试验报告

各地在寻找培养基配方中，作出了许多有益的探讨，江西赣州市科技情报研究所菌种研究室黄玉中（2001）采取4种不同培养基配方，进行栽培试验对比，找到最佳配方，见表4-2。

表4-2　茶薪菇培养基不同配方试验对比

组　别	样　本（袋）	养菌期（天）	出菇期（天）	产　量（千克）	生物转化率（%）
A	100	38	45	35.52	118.4
B	100	46	54	24.06	80.2
C	100	65	62	16.29	54.2
D	100	40	42	29.28	97.6

从表 4-2 看出 A 和 D 两组配方生物转化率较高，B、C 两组较差。A 组配方为：棉籽壳 54%，桦木屑 15%，麦麸 20%，花生饼 5%，玉米粉 3%，碳酸钙 1.8%，蔗糖 1%，绿威宝（增产素）0.2%；D 组配方为：甘蔗渣 54%，桦木屑 15%，麦麸 20%，花生饼 5%，玉米粉 3%，蔗糖 1%，碳酸钙 1.8%，绿威宝 0.2%。

六、基质碳氮比例

（一）碳氮比合理的重要性

茶薪菇生长发育，不仅需要充足的营养，更重要的在于影响它生长发育过程中的营养平衡。其中最关键的是培养基中的碳元素、氮元素的浓度要有适当的比例，即碳氮比要合理。茶薪菇利用木质素的能力差，而利用蛋白质的能力极强。在培养基配方中，必须加入能满足其生理需要的各种碳源和氮源。

茶薪菇菌丝生长阶段碳氮比要求 20∶1，子实体分化发育阶段则要求碳氮比为 30～40∶1。如果氮浓度过高，酪蛋白氨基酸超过 0.02% 时，原基分化就会受到抑制，子实体难以形成。

（二）碳氮比计算方法

计算培养料的碳氮比方法：把各类原材料的碳素相加，所得总数除以各种原料、辅料的氮素相加，所得的商数，就得出碳氮比。计算公式如下：

$$C/N=\frac{C_1W_1+C_2W_2+\cdots}{N_1W_1+N_2W_2+\cdots}$$

公式中的 $C_1C_2\cdots$ 分别为各种原材料的含碳量；$N_1N_2\cdots$

分别为各种原材料的含氮量；$W_1 W_2$…分别为培养料各种物料的重量。

(三)各种原材料碳氮比例

为了便于栽培者在配料上能够计算好碳氮比，下面介绍各种原材料的营养成分及碳氮比，见表 4-3。

表 4-3　茶薪菇原料辅料营养成分及碳氮比

原料种类	氮	磷	钾	钙	有机质	含碳量	碳氮比
大豆秸	2.44	0.21	0.48	0.92	85.8	49.76	20.4
玉米秆	0.48	0.38	1.68	0.39	80.5	46.69	97.3
玉米芯	0.53	0.08	0.08	0.10	91.3	52.95	99.9
玉米粉	2.28	0.29	0.50	0.05	87.8	50.92	22.3
棉籽壳	2.03	0.53	1.30	0.53	96.6	56.00	27.6
高粱壳	0.72	0.70	0.60	—	56.7	32.90	45.7
葵花籽皮	0.82	0.08	1.17	—	85.9	49.80	60.7
甘蔗渣	0.63	0.15	0.18	0.05	91.5	53.07	84.2
甜菜渣	1.70	0.11	10.30	—	97.4	56.5	33.2
野草	1.55	0.41	1.33	—	80.5	46.69	30.1
木屑	0.10	0.20	0.40	—	84.8	49.18	491.8
麦麸	2.20	1.09	0.49	0.22	77.1	44.74	20.3
米糠	2.08	1.42	0.35	0.08	71.0	41.20	19.8
豆饼	6.71	1.35	2.30	0.27	78.3	45.42	6.8
花生饼	6.32	1.10	1.34	0.33	88.5	51.33	8.1
花生麸	6.39	1.10	1.90	—	49.6	28.77	4.5
尿素	46.00	—	—	—	—	—	—
硫酸铵	21.00	—	—	—	—	—	—
过磷酸钙	—	16.5	—	17.5	—	—	—
石膏	—	—	—	23.30	—	—	—

各种原料、辅料的碳氮含量不一，在选料时应先查出其碳氮百分比量，并按照上述方法进行计算，以达到配方碳氮比的合理性。

七、配料操作规程

（一）定量取料

按照选定的培养基配方，称取定量的原、辅料。这里按照棉籽壳培养基配方1计算，每栽培1万袋（按15厘米×30厘米袋，平均每袋装量350克）应取原、辅材料数量见表4-4。

表4-4　茶薪菇栽培1万袋所需的物料量

培养料及菌种		配套材料		消毒用品	
名　称	数　量	名　称	数　量	名　称	数　量
棉籽壳	2870千克	塑料袋	10000只	气雾消毒盒(50克装)	10盒
麦　麸	560千克	扎口线带	2千克	500毫升酒精	2千克
蔗　糖	18千克				
石　灰	52千克	编织袋	250个	500毫升来苏儿	5瓶
				500毫升甲醛	2瓶
				高锰酸钾	1千克
栽培种	250瓶	灭菌灶用煤	600千克		

（二）调水比例

茶薪菇培养料配方用水量，因原料物理性状不同和干燥程度不一，料与水比例有别：一般木屑培养基配方为1∶1.1，棉籽壳培养基配方为 1∶1.2，玉米芯、甘蔗渣、野草等吸水性强的应为 1∶1.3～1.4。为了便于栽培者掌握每 100 千克干料，配制时应加水量和达到含水率的百分比，见表 4-5。

表 4-5　培养料含水量与料水比的关系

要求达到的含水量（%）	每 100 克干料加入的水（升）	料水比（料∶水）	要求达到的含水量（%）	每 100 克干料应加入的水（升）	料水比（料∶水）
50.0	74.0	1∶0.74	58.0	107.1	1∶1.07
50.5	75.8	1∶0.76	58.5	109.6	1∶1.10
51.0	77.6	1∶0.78	59.0	112.2	1∶1.12
51.5	79.4	1∶0.79	59.5	114.8	1∶1.15
52.0	81.3	1∶0.81	60.0	117.5	1∶1.18
52.5	83.2	1∶0.83	60.5	120.3	1∶1.20
53.0	85.1	1∶0.85	61.0	123.1	1∶1.23
53.5	87.1	1∶0.87	61.5	126.0	1∶1.26
54.0	89.1	1∶0.89	62.0	128.9	1∶1.29
54.5	91.2	1∶0.91	62.5	132.0	1∶1.32
55.0	93.3	1∶0.93	63.0	135.1	1∶1.35
55.5	95.5	1∶0.96	63.5	138.4	1∶1.38
56.0	97.7	1∶0.98	64.0	141.7	1∶1.42
56.5	100.0	1∶1	64.5	145.1	1∶1.45
57.0	102.3	1∶1.02	65.0	148.6	1∶1.49
57.5	104.7	1∶1.05	65.5	152.2	1∶1.52

(三)配料操作步骤

1. 选择场地 以水泥地和木板坪为好。泥土地洇水后泥土溶化会混入料中,不宜采用。选好场地后进行清洗并清理四周环境。

2. 过筛除杂 先把棉籽壳、木屑、麦麸等主要原料、辅料,分别用 2～3 目的竹筛或铁丝筛过筛,剔除小木片、小枝条及其他有棱角的硬物,以防装料时刺破塑料袋。

3. 区别混合 先将木屑、麦麸、石膏、石灰等搅拌均匀,然后把可溶性的添加物,如蔗糖、尿素、过磷酸钙、硫酸镁、磷酸二氢钾等溶于水,再加入干料中混合。

4. 加水搅拌 采用自动化搅拌机时,将料混合集堆,拌料机开堆,搅拌、反复运行,使料均匀。农村手工搅拌必须采取集堆,开堆,反复搅拌 3～4 次,使水分被原料均匀吸收。棉籽壳配方时,应提前 1 天将棉籽壳加水预湿,使水分渗透籽壳中。然后过筛打散结团。过筛时应边洒水,边整堆,防止水分蒸发。

(四)两项测定标准

1. 含水量测定 培养料含水量要求达到 60%。测定方法用手握紧培养料,指缝间有水滴为标准。若手握料指缝间水珠成串下滴,掷进料堆不散,表示太湿,水分偏高,不宜加干料,以免配方比例失调,只要把料摊开,让水分蒸发至适度即可。如果水分不足,加水调节。

2. 酸碱度测定 茶薪菇培养基灭菌前,pH 值 6～7(灭菌后自然会下降至 5～6)测定方法:称取 5 克培养料,加入 10 毫升中性水,用石蕊纸蘸澄清液,即可查出酸碱度。也可取广谱试纸一小片，插入培养料中30秒钟后，取出对照标准色板比色，从而查出相应的pH值。经过测定，如培养基偏酸，可加4%氢氧化钠溶液进行调节，或用石灰水调节至达标。

（五）配料关键控制点

在培养基配制中应严格控制"五关键"。

1. 含水量控制　调水掌握"四多四少"即：一是基质颗粒细或偏干的，吸收性强的，水分宜多些；基质颗粒硬或偏湿的，吸水性差，水分应少些。二是晴天水分蒸发量大，水分应偏多些；阴天空气湿度大，水分不易蒸发，则偏少。三是料场所是水泥地的因其吸水性强，水分宜多些；木板地吸收性差、水分宜调少些。四是海拔高和秋季干燥天气，用水量略多；气温30℃以下配料时，含水量应略少些。木屑质地坚硬与松软，木屑颗粒粗与细，本身基质干与湿之差，一般约相差10%。特别是甘蔗渣、棉籽壳、玉米芯等原料，吸水性极强，所以调水量应相应增加。

2. 均匀度控制　拌料不均匀，培养料养分不均衡，接种后会出现菌丝生长不整齐。比如，配方中常用过磷酸钙，如若没经溶化就倒入料中，拌料后又没过筛，过磷酸钙整块集聚，装袋后集中在部分袋内，致使茶薪菇菌丝接触这部分培养料时难以生长。有的由于拌料不均匀，导致氮源不均匀，只长菌丝而不出菇。因此，配料时要求做到"三均匀"：即原料与辅料混合均匀，干湿搅拌均匀，酸碱度均匀。

3. 操作速度控制　茶薪菇秋栽量一般较多，此时气温25℃～30℃，常因拌料时间过长，培养料发生酸变，接种后菌袋成品率不高。因为培养料配制时要加水，加糖，再加上气温高，极易使其发酵变酸。所以，当干物料加水后，从搅拌至装袋开始，其时间不超过2小时为宜。这就要做到搅拌分秒必争，当天拌料，及时装袋灭菌，避免基质酸变。要推广使用新型拌料机拌料，加快速度。如若人工拌料，就要配足拌料人手，抓紧进行，要求在2小时内拌料结束。

4. 污染源控制 在培养料配制中，为避免杂菌侵蚀，必须从原料选择入手，要求足干，无霉变；在配料前原料应置于烈日下暴晒1～2天，利用阳光的紫外线杀死存放过程感染的部分杂菌。拌料选择晴天上午气温低时开始，争取上午8点前拌料结束，转入装料灭菌，避免基质发酸，杂菌孳生。

5. 添加剂控制 培养基添加剂必须实施农业部NY 5099—2002《无公害食品安全技术要求》标准。食用菌栽培基质详见第二章五，栽培基质安全规定。

(六)培养料发酵操作技术

1. 建堆 将拌匀的料集成梯形堆。堆宽1.1～1.4米，高1.2～1.5米，上窄下宽，长度依料量多少而定。一般每堆不少于150千克，大规模栽培每吨料集成一堆，集堆后将料面拍打平整。

2. 打孔 用木棒在料堆上打3～4排，间距30～50厘米的通气孔，直至堆底。孔径7～9厘米，孔与孔的位置是梅花形排列。

3. 盖膜 打孔后在料堆四角插上温度计，然后覆盖塑料薄膜保温保湿。覆膜时离地面10～20厘米处可以不盖膜，以利于透气。

4. 翻堆 建堆后2～3天，堆内温度上升达到65℃～70℃时进行翻堆，每一次翻堆，都要将内外上下左右位置的料互相调换，边翻堆边搅拌，边重新建堆。发现料偏干时，适当补水，以后每隔1～2天翻堆1次。

5. 标准 一般发酵6～8天，发酵料应达到标准：料呈棕褐色，表面湿润，有光泽、不黏不朽、松散、无酸臭霉味、无氨气，含水量65%～60%。

在发酵料处理环节上，近年来各产区又有新的方法。古田县王祥为研究的方法是：先将棉籽壳、木屑，按干料量加110%的石灰水（生石灰按干料3%～5%）拌匀，集成堆宽2米，高1.2米。长度视料量，冷天加盖薄膜，建堆后每2天翻堆1次，使料温达60℃左右。经6～8天发酵，即可装袋，然后再进行常压灭菌，100℃以上保持5～8小时后停火，再闷10～13小时，卸袋冷却。

八、培养料装袋技术

（一）装袋操作规程

培养料配制后转入装袋工序。装袋分为机械和手工操作。目前商业生产多采用装袋机装袋。采用半自动化装袋机，每台机配备操作人员5人，其中上料1人，掌机1人，传袋1人，扎袋2人。每台每小时可装1500～2000袋。机械装料具体操作规程如下。

1. 掌机运转 装袋机使用前，应根据装袋需要，更换相应的搅拢套。检查机件各个部位的螺栓连接是否牢固，传动带是否灵活。然后按开关接通电源，装入培养料进行试机。搅龙转速为650转/分。生产过程中，若发现料斗外有物料架空时，应及时拨动斗内的物料，但不得用手直接伸入料斗内拨动物料，以免轧伤手指。

2. 装料入袋 先将薄膜袋口一端张开，整袋套进装袋机出料口的套筒上，双手向薄膜袋口紧托。当料从套筒源源输入袋内时，右手撑住袋头往内紧压，形成内外互相挤压，使料入袋后更坚实。此时左手托住料袋，顺其自然后退。当填料接近袋口 4 厘米处时，料袋即可取出，并转入下一道捆扎袋口工序。

3. 捆扎袋口 采用塑料编织带或棉纱线捆扎袋口。操作时，先按装料量增减袋内培养料，使之足量；继而左手抓料袋，右手提袋口薄膜合拢，左右对转，扭紧薄膜，紧贴不留空隙。然后清理袋口剩余薄膜内的空间，扫掉沾在薄膜上的残物，再把袋口薄膜合拢，用带或线缠扎袋口 3～4 圈。这是现有大面积生产茶薪菇采用折角袋装料扎口的一种方式。

另一种是培养料装袋后，袋口上塑料套环，形成瓶颈状，用棉花塞口。这种方式接种后透气性好，但装袋、套环、上棉塞，比较麻烦，小规模生产适用。

4. 防止爬料破袋 机装速度较快，如果扎口操作来不及，袋子填料后应捏紧袋口薄膜反折过来，把料袋倒置操作场上，以防“爬料”。装好扎牢袋口的料袋，用纱布擦去袋面残余物，平放在铺有麻袋或薄膜的地上，防止地上沙粒磨破料袋。

手工装料大多安排女工。装料操作方法：把薄膜袋口张开，用手一把一把地把料塞进袋内。当料装到 1/3 时，把袋提起，在地面小心振动几下，让料落实。再继续填料，当装至满袋时，用手在袋面旋转下压或朝袋口拳击数下，使袋料紧实无空隙，然后再填充足量。袋头留薄膜 4 厘米，转入扎口，方法同机装。

(二)装料量标准

培养料装袋量因原料基质不同，差异较大，木屑为原料的因材质硬软有别；棉籽壳为原料的，籽壳附着棉纤维多少有别；玉米芯，甘蔗渣，野草，豆秸粉等较松，因此每袋装料量标准无法统一规定。这里以棉籽壳为原料的配方，不同规格栽培袋，一般松紧度装料量，见表 4-6。

表 4-6　茶薪菇常用栽培袋的装料量

料袋规格(长×宽/厘米)	干料容量(克/袋)	装袋后湿重(克/袋)
15×30	300～350	650～750
15.3×33	350～400	750～850
17×33	400～450	850～950
17×37	450～500	950～1050

装料量多少视栽培实际需要，袋口薄膜少留，装量就多；反之，袋口薄膜多留，装量就少，因此每袋装量多少，自行灵活掌握。

(三)装袋质量要求

装袋好坏关系到培养基质量，直接影响成品率高低和茶薪菇的产量。为此，无论是机装和手工装，都必须做到“五达标”。

1. 不超时限　培养料配制后，如果装袋时间拖延，袋内积温致使微生物繁殖，造成基料发酸，使 pH 值变化，对菌丝生长不利。因此，装袋操作时限性很强，即从培养料加水到拌料装袋结束，时间不应超过 5 小时，以防培养料发酵变酸。在生产中要根据本批料袋的数量和装袋生产力，安排相应的人手，确保在时限内完成装袋指标。

2. 松紧适中 培养料的松紧度标准，应以手抓料袋，五指用中等力捏住，袋面呈微凹指印，有木棒状感觉为妥。如果手抓料袋料有断裂痕，表明太松。

3. 扎口密封 捆扎袋口要求捆扎牢固、不漏气，防止灭菌时袋料受热膨胀，气压冲散扎头。袋口不密封，杂菌从袋口侵入。

4. 轻取轻放 装料和搬运过程要轻取轻放，不可乱摔，以免料袋破裂。

5. 日料日清 培养料的配装量要与灭菌设备的吞吐量相衔接，做到当日配料，当日装完，当日灭菌。

灭菌灶通常一次装量 5 000 袋至 1 万袋，料袋进灶和灭菌的时间长达 20 多小时，如果配料量超过灭菌灶的容量，剩余的料袋需待 20 多小时后才能进行灭菌，必然引起酸败变质，所以应事先计算准确装配量。

九、料袋灭菌技术规程

（一）常压灭菌操作规程

茶薪菇料袋灭菌工作做得好坏，直接关系到菌袋培养的质量和杂菌污染率。一些栽培者在灭菌上麻痹大意，工作马虎失误，以至培养料酸变或灭菌不彻底，接种后杂菌污染严重，菌袋成批报废，损失严重。为此，灭菌必须“五注意”。

1. 及时进灶 培养料未灭菌前，蕴存有大量微生物群，在干燥条件下处于休眠或半休眠状态。特别是老菇区空间杂菌孢子甚多，当培养料调水后，酵母、细菌活性增强；加之配料处于气温较高季节，培养料营养丰富，装入袋内容易发热，如未及时转入灭菌，酵母、细菌加速增殖，将基质分解，导致酸败。因此，装料后要立即进灶灭菌。

2. 合理叠袋 茶薪菇栽培袋是短袋，它与香菇等长袋的进灶堆叠灭菌方式不同。茶薪菇料袋灭菌前，可利用饲料编织袋进行集装，每个编织袋包装40～45个料袋，然后上灶。叠包时采取一行接一行，自下而上重叠排放，上下形成直线；前后叠的中间要留空间，使气流自下而上畅通，蒸汽能均匀运行。有些栽培者采用“品”字形重叠，由于上包压在下包的缝隙，气流受阻，蒸汽不能上下运行，会造成局部死角，使灭菌不彻底。叠好包后，罩紧薄膜，外加麻袋或帆布，然后用绳索扎在灶台的钢钩上，四周捆牢，以防蒸汽把罩物冲飞。

3. 控制温度 料袋上灶后，立即旺火猛攻，使温度在5小时内迅速上升到100℃，这叫“上马温”（即从点火到100℃）。如果在5小时内温度不能达到100℃，就会使一些高温杂菌繁衍，使养分受到破坏，影响袋料质量。达到100℃后，一般灭菌灶要保持16～18小时，中途不要停火，不要掺冷水，不要降温，使之持续灭菌，防止“大头、小尾、中间松”的现象。大型罩膜灭菌灶，膜内上温较快。因此，应以蒸汽从罩膜下旁边发出的叫声信号，表示内在温度达100℃。但因容量大，所以上升到100℃后应保持24小时以上，才能达到彻底灭菌目的。

4. 认真观察 在灭菌过程中，工作人员要坚守岗位，随时观察温度和水位，检查是否漏气。如果温度不足，则应加大火力，确保持续不降温。及时补充热水，防止烧焦。

砖砌蒸仓灭菌灶，由于蒸仓膛壁吸热，所以上温较慢，一般从点火上升至100℃需5小时。灭菌时应先排除蒸仓内的冷气，让其从仓顶排气口排出，1～2 小时后把排气口堵塞，并用湿麻袋或泥土、石头压住；同时检查仓壁四周是否漏气，如有漏气应及时用湿棉塞塞住缝隙，杜绝漏气，以免影响灭菌效果。

5. 卸袋搬运 袋料达到灭菌要求指标后，即转入卸袋工序。大型罩膜灶卸袋前，将罩膜揭开让热气散发，若是砖砌蒸仓灭菌灶，应先把蒸仓门板螺丝旋松，把门扇稍向外拉，形成缝隙，让蒸汽徐徐逸出。如果一下打开门板，仓内热气喷出，外界冷气冲入，一些装料太松或薄膜质量差的料袋，突然受冷气冲击，往往膨胀成气球状，重者破裂，轻者冷却后皱纹密布，故需等仓内温度降至 60℃以下时，方可趁热卸袋。卸袋时，应套上棉纱手套，以防被蒸汽烫伤。如发现袋头扎口松散或袋面出现裂痕，则应随手用纱线扎牢袋头，用胶布贴封袋口。卸下的袋子，要用板车或拖拉机运进冷却室内。车上要下铺麻袋，上盖薄膜，以防刺破料袋和被雨水淋浇。

（二）灭菌柜灭菌操作规程

规模化栽培茶薪菇的生产基地，可采用常压锅炉、常压灭菌柜的设施进行灭菌。灭菌操作的程序如下。

1. 料袋集装进柜 将料袋装入铁架周转筐，或采用编织袋装包。然后集摆于装载车上，推入灭菌柜内。关闭两端柜门，以棉纱袋塞填柜门底缝隙。

2. 开阀送气排冷 适量开启柜顶阀及两侧排气阀、门端侧的进气阀和锅炉房内送气阀，让高压蒸汽沿进气管喷射口喷出，柜内冷气由排气阀喷出。

3. 调整温标时限 柜内温度上升至 100℃，历时 4 小时，使料袋中心料温达到 100℃。此时调节进气阀并计时，使柜内温度保持100℃后，并持续10～13小时。

4. 调节排除余气 灭菌达标后关闭锅炉房送气阀和柜端进气阀，调节灭菌柜两侧排气阀，待排气阀排出的气雾消失时，稍开两端柜门，让柜内余气逸尽。

5. 出柜排场冷却 灭菌达标后用铁钩拉出料袋装载车。推进冷却室或直接送入接种室。料袋与装载车之间，应留30～50厘米间隙，以利于散热，然后进入排场冷却。

(三)高压灭菌操作规程

这是用高温高压蒸汽灭菌的方法，操作技术规程如下。

1. 上锅合理垒袋 灭菌锅内蒸汽是否流畅，关系到灭菌温度是否均匀。料袋若排垒得过多，会妨碍蒸汽的流通，影响温度分布的均匀，造成局部温度较低，甚至形成温度"死角"，达不到彻底灭菌，导致以后杂菌污染。

2. 排尽锅内冷气 灭菌锅内留有冷空气，密闭加热时，冷空气受热很快膨胀，使压力上升，造成灭菌锅压力与温度不一致，产生假象蒸汽压，致使灭菌不彻底。排除冷空气的方法，有缓慢排气和集中排气两种。缓慢排气法：即开始加热灭菌时即打开排气阀，随着温度的逐渐上升，灭菌锅内的冷空气便被排出，当锅内温度上升到100℃，大量蒸汽从排气阀中排出时即可关闭排气阀，进行升压灭菌；集中排气法：即在开始加热灭菌时，先关闭排气阀。当压力上升至0.04兆帕时，打开排气阀，集中排出空气，让压力降到"0"，然后再关闭排气阀，进行升压灭菌。

3. 灭菌温度指标 高压蒸汽灭菌，所采用的蒸汽压力与灭菌时间，应根据具体灭菌物质而定。木屑培养基灭菌通常采用0.245兆帕的压力，灭菌时间为4小时。高压灭菌温度与蒸汽压力对照表，详阅第三章菌种制作工艺中料袋高压灭菌一节。

4. 料袋出锅控速 灭菌达标后，启开锅门时，不要一下子开大，防止锅内与锅外温差过大，而引起薄膜膨胀，造成袋膜纹皱或气压过大引起袋头松脱。因此揭开锅盖时，应先将锅盖一侧靠内，一侧外斜，让锅内蒸汽徐徐排出后，再揭开锅盖排出蒸汽。料袋趁热卸锅或卸灶，会起到巴氏灭菌作用，可避免搬运过程中外界杂菌孢子落附在袋面。

5. 卸袋散热冷却 料袋卸灶或卸锅后趁热搬进冷却室内，进行疏袋散热。具体方法与要求：①摆袋方式，进房后的料袋可采取架式摆叠每叠3～4袋，或平地垒叠6～7袋，形成墙式，前后排间距30～50厘米。②冷却方法，将室内的所有门窗打开，让空气对流，若是秋季制袋的，自然气温高，降温慢，室内采取风扇、排风扇散热。③冷却时间，料袋冷却的时间一般需要24小时，直至手摸袋而无热感。④温度控制，要求温度降到28℃以下，检测方法可采取棒形温度计插进袋内观察料温。如料温超过28℃，则应继续冷却至达标，方可进入下一道接种工序。

十、料袋接种技术规程

(一)接种场所要求

接种场所环境条件好坏，关系到菌袋接种的成品率，因此对接种场所要求比较严格。现在生产中常用的有以下3种。

1. 无菌室 又叫接种室，专业性厂(场)必须建造无菌室。其结构详见第三章菌种生产中关于无菌室的特殊要求。

农家可利用住房进行清理，并按无菌条件改造，消毒灭菌。

2. 塑膜接种帐 在野外塑料大棚和日光温室内，采用4米宽的聚乙烯塑料薄膜围罩成“接种帐”。四周衔接处用胶纸封严，帐内面积5～6平方米，地面清理平整，铺上细沙盖上地膜，形成无菌状态的接种帐。

3. 接种箱 小规模生产可利用接种箱接种，把料袋连同菌种和接种工具一起搬进箱内。按常规消毒后进行接种。

(二)常用消毒方法

无论是无菌室或是普通房间作接种室或塑料薄膜接种帐，为达到无菌条件，工作间必须严格消毒，净化环境。要求在接种前做到“两次消毒”，即空房先消毒，料袋进房后再消毒。常用消毒方法有如下几种，可任选一种。

1. 喷洒法 在室内喷洒1～2次等量式波尔多液500倍液或1%的漂白粉溶液杀菌；然后再用5%石炭酸2次喷雾墙壁、空间和地面，密闭1小时后再启用。

2. 熏蒸法 按15平方米的房间，用甲醛500毫升盛于碗中，加入300克高锰酸钾产生甲醛蒸气，密闭门窗，熏蒸消毒12～20小时。

3. 气雾法 采用气雾消毒剂，每立方米用量4～6克。使用时用火柴或烟头点燃，即喷出白色烟雾，密闭30分钟以上可达灭菌的目的。

4. 照射法 用紫外线灯照射消毒，每次接种前将各种器具移入室内。一般40立方米的接种室，需2盏30瓦紫外线灯，照射2小时后，才能达到消毒的要求。紫外线照射时，人员要离开室内，以防眼角膜、视网膜受伤。紫外线对杀灭细菌可靠，但对真菌可靠性较差。灭菌时应用布或报纸遮盖菌种。

5. 电子消毒 这是利用臭氧气体的强氧化作用，在接种室空间扩散，迅速渗透到杂菌的细胞壁，使其蛋白变性，破坏酶系统，在代谢过程中被杀灭，从而净化环境，达到无菌状态。常见有南京市纯涯机电技术研究所(地址：南京市御道街标营4号5311厂招待所内北楼，邮编：210016)研制的FCR-3型食用菌专用电子灭菌器。将此灭菌器挂于接种室高度2/3处，因臭氧气体比空气重，在扩散时呈现下沉趋势。插上电源开机。消毒时间30～45分钟，停机15～20分钟后，接种人员才能进房，此时臭氧已还原成氧气，对人体无不良反应。

6. 消毒时间 无论采取哪一种方式消毒，第一次空房消毒时间，应在接种前24小时进行，消毒方法宜用药物喷洒或熏蒸法。而在料袋进房再次消毒时，应在接种前1小时进行，消毒方法不宜采用水剂药物喷洒法，以防止增加空气相对湿度。因此，应采用气雾消毒盒、紫外线照射消毒，其用量和方法与第一次消毒相同。

(三)菌种预先处理

为保证料袋接种不受杂菌污染，除了做好接种场所消毒灭菌处理外，菌种这一关要把严。

1. 菌种质量检验 无论是从专业制种单位购买的菌种或是自行扩大培育的菌种。在料袋接种前必须进行检验，其标准是：

(1)菌龄 适龄的茶薪菇菌种要求：12厘米×24厘米袋，其菌龄40天左右；15厘米×30厘米袋，不能超过50天，菌龄太老，生活力弱。

(2)纯度 菌种纯度达到100%，不能有杂菌污染，不得有怀疑或不正常现象存在。

(3)长势　菌丝健壮，长势旺盛有力均匀、整齐、分枝浓密。一般以走到底部为适。

(4)颜色　色泽浓白，无出现萎黄或白中带黄、变红。

(5)气味　打开棉塞闻有香味，无酸臭味、酶变味和异味。

(6)基质　培养基与菌丝体互相连结不松散，手捏基质有水迹出现。

如果瓶(袋)壁出现水珠，菌丝萎缩与瓶(袋)壁脱离，表面菌被变褐色，培养料干涸松散，或出现酱红色斑点，原基扭结说明菌种老化，基质不合标准；若发现菌丝走势中断或色泽变黄，以及有红、绿、黄、黑色斑点状杂菌污染，则为劣质菌种，应淘汰。

2. 菌种预处理方法　先拔掉瓶口或袋口套环棉塞，用塑料袋包裹瓶口或袋口，然后搬进接种室内，再用接种铲伸入菌种瓶(袋)内，把表层老化菌膜挖出。如出现白色扭结团的基质也要镊出，并用棉球蘸75%酒精，擦净瓶(袋)壁四周。然后包好口，再搬进接种室内。若是扎袋头的菌种，开袋口预处理用同样方法处理好菌种后，把袋口扭拧后搬进接种箱、室内接种。

(四)接种无菌操作技术规程

料袋接种很重要的前提是：袋温必须降到28℃以下方可进行接种。如果袋温超标，菌种接入后被灼热，影响萌发。接种无菌操作要求如下。

1. 时间选择　选择晴天午夜或清晨接种，此时气温低，杂菌处于休眠状态，有利于提高菌袋接种的成品率。雨天空气相对湿度大，容易感染真菌，不宜进行接种。

2. 接种物入室　将灭菌后的塑料袋搬入无菌室或接种

帐内后，连同菌种、接种工具、酒精灯一起，进行第二次消毒。先用气雾剂熏 30 分钟以上，接种前 40～60 分钟，再用紫外线灯照射 30 分钟，达到无菌条件。工作人员穿戴工作服、帽和口罩及拖鞋。农家接种人员，要求洗净头发并晾干，更换干净衣服，方可入室。接种前双手用 75％酒精擦洗或戴乳胶手套。

3. 接种方法　现行接种方式有 2 种：一种是打开袋口扎绳，把菌种接入袋内后，再扎口。另一种是在袋旁打一个接种穴，穴口直径 1.5 厘米，深 2 厘米。菌种接入穴内后，穴口用胶布或胶纸贴封；也有的采用 18 厘米宽的食品袋套入。这两种方式均可，具体操作方法如下。

(1)解口接种法　一是将袋口解开，搬到接种工作台上。二是手戴乳胶手套，将菌种掰一小块约大拇指大，迅速放进袋内培养基中央。三是接过袋子迅速扎好袋口，或外套袋。四是将接种后的菌袋摆放堆架。

(2)打穴接种法　一是把料袋搬到接种工作室后，即用打洞器在袋肩或袋旁打一个接种穴。二是将菌种接入穴内，顺手按压菌种，使穴紧贴基料。三是用胶布封口，或外套袋。四是搬离菌袋摆叠。

4. 迅速敏捷　由于接种时要打开穴口胶布，使培养料暴露于空间，如果室内消毒不彻底，残留杂菌孢子容易趁机而入；同时，接种时间延长，室内温度升高，也容易引起感染。另一方面接种器具为金属制品，久用易灼热，菌种通过酒精灯火焰区时，如果动作缓慢，则容易烫伤。

5. 接种后通风　每一批料袋接种完后，必须打开门窗通风换气 30～40 分钟，然后关门窗，重新进行消毒，继续接种。有的菇农接种常在普通房间内用塑料薄膜四周罩住，密封性较强，但接种后如果不通风，由于室内人的体温，加上接种时打开穴口，使料内水分蒸发，形成高温、高湿，容易带来杂菌的积累，也容易造成污染。

6. 清理残留物 在接种过程中，菌种瓶的覆盖膜等废弃物，尤其是工作台及室内场地上的木屑等杂质，必须集中一角，不要乱扔。待每批料袋接种结束后，结合通风换气，进行1次清除，以保持场地清洁，杜绝杂菌的污染。

7. 强调岗位责任 由于袋栽茶薪菇生产规模较大，接种工作量相当大。接种人员要做好个人卫生，严格按照无菌操作规程进行接种。要安排好人手，落实岗位责任制。加强管理，认真检查，及时纠正，确保全过程按照技术规范要求进行操作。

十一、菌袋培养管理技术

（一）培养场所要求

菌袋培养的场所，总体要求在避光、干燥、通风，温度在23℃～28℃的条件下进行。根据其种性特性，菌袋发菌培养阶段称为“前半生”，应在室内培养，严格控制温度，使菌丝生长发育正常；而“后半生”出菇阶段，在野外菇棚比较适合。因此有人把它称为前后“二场制”。而在我国北方许多地区，发菌培养和出菇管理均在同一个日光温室内进行，称为“一场制”。不论是在室内养菌或是在日光温室养菌，在进袋前10天要将养菌场所打扫干净；并进行1次彻底消毒，杀灭潜存的病原菌和害虫。

（二）菌袋堆垛方式

菌袋堆垛方式，有室内架层叠袋，每层 4～5 袋堆垛；有野外搭盖罩膜遮阴发菌棚。采取平地摆放重叠，即菌袋一个挨一个摆放；或平地顺码堆垛，一层一层重叠。堆叠时袋口方向可与门窗方向一致，袋口朝外。温度高时摆放 4 层，气温低时摆放 6 层，垛与垛间留 40～60 厘米的人行道。堆垛的方向要顺光，一般坐北向南的日光温室，堆垛按南北走向，即与北墙垂直。在堆垛时向上一层两端各少摆一个菌袋，使堆垛的两端呈现下长上短的斜形。采用上述集约化堆垛养菌，一个宽 5.5 米，长 32 米，高 2.6 米的罩膜遮阴发菌棚，一次可摆叠菌袋 2.5 万个。还有一种是直立排放，将菌袋平地竖着排列，横行对齐，气温高时可防止高温烧菌，但占地面积大，利用率低。

（三）培养温度控制

茶薪菇菌丝生长的温度范围在 5℃～35℃，但以 20℃～28℃菌丝生长旺盛，低于 5℃生长缓慢，高于 28℃生长速度下降。其中 17℃～23℃，菌丝生长稍慢，但比较健壮；温度偏低培养，有利于控制杂菌的污染。在菌袋培养期间温度控制，应掌握好以下 4 个方面。

1. 注意三温协调　发菌期间密切注意气温、菌温和堆温 3 种温度的变化。气温是指室内外的自然温度，堆温是指堆袋间的温度，菌温是指培养料内菌丝体生命活动所产生的温度。发菌过程由于菌丝不断增殖，新陈代谢渐旺，菌温亦随之升高，叠放越高，堆温越高，数量越多，通风程度越差，其堆温越高。同时，气温越高，堆温也随之升高。一般堆温比室温高 2℃～3℃。当菌丝生长旺盛，此时解开袋口充足供氧时，菌温会比堆温高 2℃～3℃。当菌丝长满袋的一半时，出现第一个升温高峰，此时菌温会比室温高 4℃～6℃。当菌丝长满袋后 10～15 天，出现第二次菌温峰值。因此，管理中必须时刻关注 3 个温度的相互关系。在高温季节，疏散堆距，改变堆形，减少层次，加强通风换气，降低室温，预防烧菌，保证菌丝安全度过高温期。在低温季节，可利用菌温和堆温，并用薄膜覆盖保温，促进菌丝生长。茶薪菇发菌培养的温度应按照不同的生长阶段，区别掌握。

2. 萌发期抢温发菌 茶薪菇接种后，菌丝萌发比香菇和白灵菇等品种都慢。接种后 1～5 天，因料温低，可以提高 2℃，即 25℃～28℃抢温发菌，促使原接入的菌种块菌丝萌发。当看到菌丝延伸爬上培养料向四周辐射生长时，室温应调至 24℃～27℃；15 天左右菌温开始上升，此时室内温度宜掌握在 23℃～26℃，这样能使袋温处于菌丝生长的最佳温度。如果冬季或早春气温低，可用薄膜覆盖菌袋，使堆温提高，来满足菌丝萌发的需求。

3. 生长旺盛期防高温 接种后 16～35 天，菌丝长满袋口，朝向四周生长，呼吸增强，以纵向生长为主，分枝少，色浓白呈线状。当菌丝生长超过菌袋一半时，呼吸加强，代谢活跃，自身产生热量，料温和二氧化碳浓度出现第一次高峰。如管理跟不上，易出现烧菌。必须加强通风换气和降温管理，室内温度控制在 23℃～26℃，早、晚通风各 1 次，并适当延长通风时间。

4. 成熟期控温疏袋 一般接种后 36～50 天，菌袋解带松口增氧后，菌丝生长旺盛，很快走到袋底，色白浓密，布满袋面，呼吸强度极强。此阶段温度宜在 22℃～25℃。如果室温达 28℃时，菌温就会超过 30℃，堆温也就随之升高 2℃～

3℃，容易导致菌丝发黄变红，受到严重损伤，甚至发生“烧菌”，菌袋变软，培养料发臭。因此，必须注意疏袋散热，以控制堆温，降低菌温。

（四）注意防潮通风

菌袋培养阶段，菌丝在袋内生长所需的水分，不需要由外界供给，而是依靠基质内现有的水分，为此要求场地干燥，空气相对湿度在70%以下为好。如果场地潮湿，空气相对湿度高，会引起杂菌加快孳生，带来菌袋污染。因此，培养室宜干不宜湿，要防止雨水淋浇和场地积水潮湿。如果湿度过大时，可在地面和菌袋上撒石灰粉除湿。特别强调在菌袋培育期间，不论何种情况都不能喷水。菌袋培养阶段每天至少通风1次，每次20～30分钟，气温高时早、晚通风，始终保持室内空气新鲜。

（五）避免阳光照射

培养室需要经常开窗通风更新空气，如果通风不良，室内二氧化碳沉积过多，会伤害菌丝体的正常呼吸；同时，也给杂菌发生提供条件。尤其是秋季，时有高温，如果不及时通风，会使室内菌温上升，对菌丝生长发育不利。菌袋培养宜暗忌光，在黑暗的防空洞、地下室均可。如果光线强，菌袋内壁形成雾状，并挂满水珠，表明基质内水分蒸发，会使菌丝生长迟缓，后期菌筒出现脱水；而且菌袋受强光刺激，原基早现，菌丝老化，影响产量。因此，菌袋培育期间门窗应挂窗纱或草帘遮光。

(六)及时翻堆检查

菌袋培养期间要翻堆 4～5 次,第一次在接种后 6～7 天,以后每隔 7～10 天翻堆 1 次。翻堆时做到上下、里外、侧向等相互对调。翻堆时要轻拿轻放,尤其是第一次翻堆时,要注意保护好接种口封盖物。因刚接种不久,菌丝尚未全面恢复,抗杂菌能力差,而接种穴的四周又容易被杂菌侵袭,所以接种穴上的封口物不要随便打开,以防杂菌侵入。

翻堆时认真检查杂菌,及时处理。常见在菌袋料面和接种口上,分别有花斑、丝条、点粒、块状等物;其颜色有红、绿、黄、黑色不同,这些都属于杂菌污染。也有的菌种不萌发,枯萎、死菌等。通过检查分类进行处理。

(七)区别袋况处理

1. 轻度污染 只是菌袋扎口或皱纹处出现星点或丝状的杂菌小菌落,没有蔓延的,可用注射针筒吸取 2%的甲醛和 5%石炭酸混合溶液,也可用 75%酒精 50 毫升,配加 36%甲醛 30 毫升的混合液,注射到受害处,并用手指轻轻按摩表面,使药液渗透到杂菌体内,然后用胶布贴封注射口。

2. 局部污染 杂菌侵入接种口或胶布边,而茶薪菇菌丝还处在生长状态,受影响不大的菌袋,可用 5%石灰上清液涂于患处。

3. 污染点较多 菌袋出现杂菌污染斑点较多,若污点难以控制的,可采取破袋取料,并加入 3%石灰拌匀集堆处理后,摊开晒干,用作栽培鸡腿蘑等粗放型菇类的原料。

4. 严重污染 对杂菌为害严重,无可救药的,应及时用塑料薄膜袋套住,然后连袋烧埋,防止扩散。

(八)菌袋培养管理技术程序

茶薪菇菌袋从接种日起培养至生理成熟,一般需 50～55 天。但由于接种方式不同,培养温度差异,菌丝长速也有别。采用打穴接种的菌袋,透气性好,在适温条件下培养 40 天菌丝就走满袋;而袋口接种扎头的菌袋,透气性差,在同样温度条件下,需要 50 多天菌丝才能长满袋。为了便于菇农掌握菌袋培养管理技术日程,特列表供参考(表 4-7)。

表 4-7　茶薪菇菌袋培养管理技术程控表

接种后天数	菌丝生长状况	主要作业内容	生态控制			
			温　度(℃)	相对湿度(%)	通风(次/分)	光 照
1～5	3 天后菌种块四周萌发菌丝	区别袋情,分类堆垛。观察长势,调控适温	25～28	70	1/20	避 光
6～10	定植伸展料面,菌圈直径 3～4 厘米	观察吃料,测定堆温、菌温,进行第一次翻堆检查	24～27	70	1/20	避 光
11～20	蔓延四周,覆盖料面,色泽浓白,健壮	调整堆垛,结合第二次翻堆检查,淘汰污染袋	23～26	70	早、晚各 1/20	避 光
21～30	伸入袋料中 2/3,走势强壮,色泽浓白	观察菌温,堆温,防止超温,调整堆垛,逐堆检查	23～26	70	早、晚各 1/30	避 光

续表 4-7

接种后天数	菌丝生长状况	主要作业内容	生态控制			
			温 度（℃）	相对湿度(%)	通风(次/分)	光 照
31～40	长满袋内 1/5，走势强壮，色泽浓白	调整堆垛，均衡袋温和触氧，观察长势；打穴的袋，40 天可解开袋口扎绳	23～26	70	早、晚各 1/30	避 光
41～50	长势茁壮，交织紧密，基质坚硬有零星褐点	观察长势，区别袋况，扎口的应解开袋口扎绳透气，引光刺激	22～25	70	早、晚各 1/30	散射光 200 勒
51～55	基质转为弹性，呈现褐色花斑	观察气象，控制适温，防止超温，加强通风，引光刺激	22～25	70	早、晚各 1/30	散射光 300 勒

以上接种的菌袋生长状况，是以框定的最适温度条件下培养。如果气温超过框定温区，会使菌丝生长发育的时间提前或延长。温度超过 1℃～2℃，虽然满袋的时间会提前，但菌丝积累营养不足，会影响产菇量。

十二、菌袋成品率低的原因

菌袋培养过程中出现杂菌污染，造成成品率不高，这已成为茶薪菇栽培中的一个难题。成品率低，固然有诸多因素，但主要还是人为操作技术失误。这里总结各地经验教训，进行综合分析，其主要原因如下。

（一）基质酸败

常因原料霉烂变质，或雨水淋后结块，质量差，营养成分低；有的因配料含水量过高，拌料装袋时间拖延，为附着在原料中的细菌、真菌等孳生创造了条件，而引起发酵酸败。

（二）灭菌不彻底

目前农村普遍采取大型常压灭菌灶，1 次灭菌数量较多，体积太大；加之料袋排列紧密，互相挤压，缝隙不通，蒸汽无法上下循环运行，导致料袋受热不均匀和有死角。有的灭菌灶结构不合理，从点火到温度升至 100℃的时间超过 6 小时，引起袋料加快发酵，养分破坏；有的中途停火，掺冷水，突然降温；有的灭菌时间没达标就卸袋等，都会造成灭菌难以彻底，以至一些耐高温的杂菌在料内继续潜伏。

（三）菌种不纯

常因菌种菌龄过长，表面菌膜变褐，菌丝明显脱离，这是菌种老化的象征。而接种前菌种又没做预处理，菌种老化抗逆力弱，萌发率低，吃料困难，接种口容易被感染。

（四）接种把关不严

常因接种箱（室）密封性不好，加之药物掺杂掺假，有的失效。如甲醛含量有的只占 20%，大部分掺水，喷洒药效低，反而增加空气相对湿度，有利于杂菌孳生繁衍；有的接种人员身、手没有消毒，把杂菌带进无菌室内；有的菇农用手抓菌种接种；加之接种后没有清场，又没做到开窗通风换气，造成“病从口入”。

（五）培养室环境不良

培养场所不卫生，四周靠近厕所、畜禽舍和食品酿造微生物发酵工厂；有的场所简陋，空气不对流，二氧化碳浓度高，沉积于室内，危害菌丝正常生长；有的因培养场地潮湿或受雨水淋浇；加之翻堆检杂中所拣出的污染袋又没严肃处理，到处乱扔。尤其红色链孢霉，在气温高、雨水淋湿后孢子萌发，迅速在空间传播，造成环境污染，菌袋受其侵染，迅速蔓延，出现“满堂红”。

（六）菌袋管理失控

菌袋培育期间常处在气温较高季节，菌丝体经过培育自身代谢，菌温上升，加上排袋叠堆过紧，袋温增高，“三温”没妥善处理，造成高温，致使菌丝受到挫伤，出现变黄、变红，严重的致死，或菌袋松软发臭报废。

（七）拣杂处理不认真

翻堆拣杂过程工作马虎，虽已发现杂菌感染斑点或有怀疑被虫、鼠咬破，明知有害，却抱侥幸心理，不做及时处理，以至蔓延。

第五章　茶薪菇高效栽培出菇管理园艺

一、现行栽培常用出菇模式

（一）多层集约化立体摆袋出菇

集约化栽培是一种具有一定规模，菌袋密集型系统工程的立体栽培模式。集约化栽培占地面积小，一般菇棚宽 7.1 米，长 13 米，高 3～4 米，内设 6 层架床，1 次可摆放茶薪菇菌袋 3.6 万个，平均每平方米摆放 100 袋。它靠的是“空间效应”，即单位面积栽培数量和该面积数量占用的时间，获得较高的产品数量和产值。从而降低劳动成本，提高管理水平，大幅度地提升产品质量，来获取较高的经济效益，因此成为现在和今后食用菌产业标准化生产的必由之路，是一种理想的模式。

（二）卧袋重叠菌墙双向出菇

菇棚整理好畦床后，把 2 个菌袋的袋底对接，平地重叠成 6～8 个袋高的菌墙。再把向外一端菌袋的袋口解开，让茶薪菇子实体长出，形成两边菌墙出菇，中间作业通道。500 平方米面积的菇棚，可摆放菌袋 3 万个左右。此种模式节省搭架成本，但长菇后菇体一般向上翘起，带有弯形，外观稍差些。

（三）畦床埋筒覆土平面出菇

覆土栽培出菇方式，是将菌袋脱去薄膜，菌筒竖放于畦床上，用肥土填满袋间和覆盖畦面，形成埋筒覆土平面长菇；或菌袋长菇 2～3 潮后，搬到野外菇棚切断，断面向上竖放在畦床上，然后袋间隙填土和覆土畦面出菇。此种模式长菇形态好，但占地面积大。

（四）菌袋泥砌码垛出菇

将菌袋一端的薄膜环割 2/3 脱袋，两个菌袋的袋底对接，卧摆于畦床上，相距 3～5 厘米，肥土填充间隙。摆好一层，覆土 1～2 厘米厚，再摆第二层菌袋，再填土和覆土，如此摆放 6～7 层，呈梯形。上面泥土做成蓄水槽，便于浇水。菇棚宽 7 米，长 25 米，可垒砌菌墙 6 000 袋。此种方式可利用土壤优势，提高产量和品质，但用工较大。

（五）不同方式出菇试验对比

在茶薪菇栽培模式上，各地科研部门做了许多有益的试验探讨。江西省赣州科技所菌种研究室[2001]采取同一培养基配方：棉籽壳 54%，桦木屑 15%，麦麸 20%，花生饼 5%，玉米粉 3%，碳酸钙 1.8%，糖 1%，绿威宝（增产剂）0.2%，料水比 1∶3。采取不同规格栽培袋，不同装料量和不同栽培方式进行对比试验（表 5-1）。

表 5-1 茶薪菇不同栽培方式生物转化率对照

组 别	栽培方式	菌丝菌袋（天）	出 菇（天）	生物转化率（%）	鲜菇质量
A	17 厘米×33 厘米袋，干料量 200 克，单头接种，套环棉塞，开袋立长菇，每收一批菇后往下卷膜 3～4 厘米	36	54	96.8	好
B	15 厘米×30 厘米袋，干料量 200 克，单头接种，套环棉塞，双行重叠菌墙，开口长菇	34	63	74.6	差
C	17 厘米×37 厘米袋，干料量 400 克，两头扎口打洞 3 个接种，脱袋单行重叠菌墙，开口长菇	35	68	112.4	中
D	15 厘米×56 厘米袋，干料量 750 克，扎口打洞 4 个接种，卧摆畦床，袋面相距 2 厘米划 2 条裂缝长菇	38	59	108.1	好

（六）出菇管理园艺基本程序

无论采取哪一种方式出菇，基本园艺程序为：菌袋摆场→开口增氧→诱发菇蕾→控制生态→成菇管理→采收加工。为了便于栽培者一目了然地掌握全程，这里介绍集约化架层式栽培出菇管理基本园艺程序（图 5-1）。

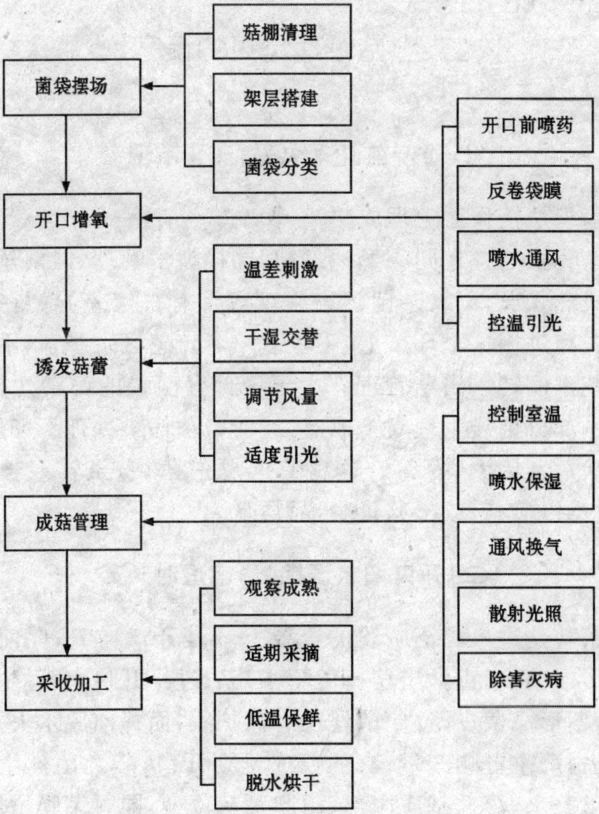

图 5-1　茶薪菇出菇管理基本园艺程序

二、出菇管理常见的误区

(一)产前处理欠妥,菇蕾难现

菌袋从接种至生理成熟离开培养室前,一般 50～55 天。菌袋培养虽然是在同一场地发菌、同样技术管理,但菌丝长势生理成熟状况,以及杂菌污染程度等都有一定差异。在菌袋室内搬离进棚这个环节上,不少栽培者疏忽区别袋情,不分好坏统统进棚转入出菇管理。由于一部分菌袋的菌龄达标,但尚有一部分菌袋生理尚未成熟,或受杂菌污染处理不彻底,尚有潜伏危害因素,等等。这些有问题的菌袋,虽转入长菇管理,但难以出菇,或出菇量少,品质低。

(二)开口增氧误期,影响适时长菇

茶薪菇进入长菇阶段的重要一环是开口增氧,促使袋内表层形成菌皮,正常出菇。但不少菇农过早开口,菌丝生理未成熟,不形成菌皮,致使菌丝没有保护膜,而提前脱水失重,养分散失,严重影响产量;有的菇农延期开口,袋内菌丝生理成熟分泌蓄水,渗透基质内部,引起真菌侵染,同时菌膜增厚,影响原基形成,出菇困难;同时,菇蕾在袋内受抑制缺氧,导致畸形菇。

(三)防治虫害不力,幼菇受害歉产

茶薪菇菌丝有一股杏仁香味,菌袋开口后诱发许多病虫侵入。这方面由于防患不力,结果大量菇蚊飞入袋内咬食菌丝,并在袋内产卵,卵形成线虫,钻进袋内破坏菌丝体,线虫成

虫后变成蛹，又化成菇蚊，完成一个世代仅 30 天，造成整个菇棚菌袋遭到破坏，严重的绝收。

(四)用药不当，反遭其害

由于茶薪菇有香味的特异性，招致病虫害较多，因此不少栽培者为了除虫灭害，盲目用药或加大用药量。有的在幼菇期，为防止菇蚊为害，采用磷化铝杀虫，36 平方米的菇棚，使用 400 片药量熏蒸，而且集中一个放点，结果菇蕾全部枯死。有的栽培者，菌袋开口前采用磷化铝熏蒸，开口后，出菇比同类型菌袋慢 15 天。原因是磷化铝气体分解后产生磷化氢，渗透进袋内，引起表层菌丝受到挫伤，等到恢复增殖后才转入出菇，所以延迟出菇。

三、架层集约化立体摆袋长菇管理技术

(一)衡量菌袋成熟标准

茶薪菇菌袋由室内培养到野外菇棚摆袋出菇，必须达到生理成熟，才能实现产量高、菇质好。菌袋成熟标准掌握以下 4 条。

1. 菌龄　一般从接种日起到离培养室前，在适温环境中培养的时间，扎袋口的 50～55 天菌龄，采取打穴接种的透气好，菌丝发育较快，一般 40～45 天。

2. 积温　茶薪菇的有效积温区为 4℃以上，30℃以下。菌袋生理成熟有效积温为 1 600℃～1 800℃。培养料颗粒细小，基质疏松的，有效积温要求较低，一般在 1 000℃～1 200℃。若以 4℃的积温为 0，有效积温＝(日平均温度－

4℃)×培养天数。

3. 色泽 菌丝浓白，长势旺盛，气生菌丝呈棉绒状，袋口出现零星棕褐色小斑点，菌丝生长代谢好，有的会吐黄水。

4. 基质 菌袋富有弹性，重量比原有减少20%，说明基质已适当降解，积累足够养分，正向生殖生长转化。

上述4条中，菌龄作为参数，但不是决定条件。因为培养时间长短与温度有直接关系。有的虽然培养时间达到60天，但春季接种后，培养阶段处于低温，菌丝发育缓慢。虽在时间上已达到要求天数，但菌丝尚未达到生理成熟。因此菌丝体色泽和基质是衡量生理变化程度的主要标志。

(二)区别袋况分类处理

为使上架的菌袋达到规定标准，进棚前必须进行菌袋分类处理。

1. 最佳菌袋 菌丝长势好，色泽浓白，褐色斑点正常，基质手感硬，袋面无出现秸秆线，无杂菌出现。此类菌袋集中摆放在一起，进行第一潮催蕾出菇管理。

2. 良好菌袋 菌丝虽已长满袋，浓白度没达标，色泽较差，基质手感松散，属二类菌袋。主要营养积累不足，需继续在适温下培养一段，等达到一类水平后，再行催蕾出菇管理。

3. 好中有缺 菌丝已长满袋，色浓白，有褐斑，但袋内菌丝有抑制拮抗线或被控制杂菌的伤疤。基质会正常出菇，但产量与品质受一定影响，列为三类菌袋，摆在一起进行催蕾出菇管理。

4. 污染菌袋 发菌期被杂菌污染，虽经控制处理，但仍有少量受污染的部位菌丝仍正常，还会长菇，此为四类菌袋，集中单独处理。也可将污染的部分挖掉，喷上10%石灰水后，采取畦床埋筒覆土长菇方式处理。

（三）菌袋上架排场方式

菌袋经过分类后，进入上架排场工序。架层式集约化立体栽培，菌袋是采取竖立摆放。袋与袋之间的距离，视季节和气候变化有别。在摆袋上注意以下 4 方面。

1. 早春低温摆袋宜靠紧　早春气温低，采取袋与袋靠紧摆放，有利于保持袋温，促进菌丝更好复壮，出现原基形成菇蕾。

2. 秋季摆袋需留风路　秋季常有高温出现，尤其 8～9 月份秋热，南方温度超过 32℃。为此菌袋摆列采取横行对齐，前后列菌袋之间要留 3～4 厘米的通风路，有利于空气流通散热。

3. 高温顶层不摆袋　气温高的季节，顶架一层暂不摆袋，可先将菌袋集放于作业道，等气温降至 30℃以下时再上架。

4. 架床平方米摆袋量　菇棚内的架床以 5～6 层为宜，最高不超过 7 层，每平方米的架床以摆放菌袋 100 个为宜。

（四）开口通风增氧

菌袋摆放架床 1～2 天后，就转入启开袋口，通风增氧，诱发原基发生时期。在技术上主要有以下 3 方面。

1. 开口前喷药杀虫　菌袋培养过程或多或少附着杂菌或螨虫。袋口薄膜撑开后，由于菌丝香味又会诱引蚊虫入侵。因此开口前必须进行 1 次除害灭病处理。采用阿维菌素（100 毫升/瓶）＋啶虫脒（275 毫升/瓶）＋灭幼脲（350 毫升/瓶）这 3 种农药混合对水 250 升，对空间和袋面进行喷雾，其杀灭虫害效果很好，又符合无公害栽培用药的要求。如果开口前发现螨虫，可用73%克螨特乳油2 000倍液喷洒杀灭。喷药时间应在午后2时前后，因此时是昆虫交尾和活动的高峰期。通过喷药处理，减少菇房内单位空间的虫口数。

2. 开口应掌握关键技术 菌袋开口工序掌握3个技术要点。

(1)开口时间 菌袋经过药物灭菌杀虫处理后，一般在规定药效期后就要进行1次大通风，排除药物残留气体，更新空气。如果时间拖长，棚内农药残留气体沉积，有害于菌丝。开口宜选用晴天上午，打开所有门窗，让内外空气对流。

(2)松口操作 菌袋封口不同，松口方法有别，用绳线扎口的，可把扎绳解开，把薄膜拉直，让袋口张开，然后再把薄膜合拢，用手把袋膜扭拧，使其形成微量通风，避免开口过早，菌丝暴露空间的面积过大，导致表层失水，菌丝干枯，影响原基形成。袋口套环棉塞的，可先把棉塞拔出，3天后再将套环脱下，将薄膜拉直后，再扭拧，控制通风。

(3)开口控制 经过松口后菌丝接触微量空气和湿度及光线，菌丝得到外界的锻炼。2～3天后把袋口薄膜撑开，待原基形成后把袋口薄膜反卷1～2厘米，使袋口扩大，让原基在袋口内接触空气和湿度，在小气候环境中发育分化成菇蕾。

各地在开口这道工序上方法不同，江西省部分产区采取割除袋口多余薄膜，操作时用小刀沿扎口绳，将袋口部分薄膜割掉。这种割膜方法，袋口菌丝体暴露空间，有利于接触空气、光照和湿度，促进菌丝扭结，原基形成。但由于菌丝由裹袋到暴露，适应性差，管理上稍有失控，容易造成菌丝干枯萎缩，影响原基形成。因此，采用割膜工序的应强调“三忌”：一忌雨天和大风。雨天空气湿度大，不利于菌袋口黄水挥发，容易造成杂菌污染。刮大风时，菌袋口容易被风吹干，造成袋口菌丝失水，难以形成菌膜；二忌高温。气温超过 25℃时，不利于菌丝向生殖生长过渡。常因割口气温高，造成原基难以形成；三忌乱抛污染袋。大量的菌袋总会有少量污染，必须予以清除。受污染的部分可切除或挖去，剩余部分可继续出菇。污染袋应及时隔离，集中后另作处理。

（五）催蕾技术措施

茶薪菇催蕾技术有其特殊性，主要掌握好以下 6 个方面。

1. 菌丝转色特征　茶薪菇菌袋开口后，菌丝体接触湿度、光线、氧气，菌丝表面出现点点细水珠，并分泌色素，使菌袋表面菌丝发生褐变，袋口周围表面的菌丝，形成一层很薄的菌膜。它对保护袋内菌丝生长，使原基形成不受光照抑制的危害，防止菌袋水分蒸发，提高对不良环境的抵御能力和抗震动能力，保护菌袋和不受杂菌污染，促使原基顺利形成，都起着非常重要的作用。没有菌皮，菌袋就会失去调温、保湿的作用。

茶薪菇菌丝转色，在初始表面仅现黄褐色或浅褐棕色的斑点。它不像香菇转色一样，形成一层树皮状的菌被。茶薪菇第一潮菇长出时，菌丝仍然是浓白，只有局部出现褐色斑点。采完一二潮菇后，表面出现一层褐色菌圈，正常的菌袋菌丝是白色。随着采菇潮数增加或受害虫侵袭，2～3 个月之后基质有所变硬，部分出现棕褐色花斑。虫害为害严重的菌筒，全部变为棕褐色。

2. 控温配合变温　开口后 1～3 天，保持室内温度 20℃～25℃，空气相对湿度 80%～85%。如果温度超过 25℃，可用电扇和排风扇降温，或疏袋散热。每天打开门窗通风换气30分钟。茶薪菇属不严格的变温结实性菇类，没有昼夜温差刺激也能正常出菇。但温差刺激，有利于菌丝从营养生长转为生殖生长，促进菇蕾的形成。因此拉大温差，配合调控干、湿度，是茶薪菇栽培中的有效催蕾措施。人为变温是采取白天关闭菇房门窗，夜间10时后打开窗户，使日夜温差拉大到8℃～10℃，直到菌袋表面出现白色粒状物，说明已经诱发原基，并将分化成菇蕾。

3. 制造阶段性湿差 菌袋开口后第一次喷雾化水于空间和袋面，在袋内薄膜旁呈现一圈水分，而不覆盖菌丝体为适。因为开口后菌丝代谢加快，吸水性强，很快被吸收，然后加强通风，使表层菌丝成稍干状况，连续3～4天干湿差刺激后，菌丝体相互交织，扭结成原基，进而分化成菇蕾。应注意的是开口后，每天保持喷水1次，空气相对湿度不低于85%，防止袋内表层菌丝体失水而干枯。菌膜无法形成，原基也就不出现。随着原基分化需要，以后每天喷水2～3次，空气相对湿度保持在90%～95%。

4. 更新菇房空气 催蕾阶段菌丝体呼吸旺盛，二氧化碳排出量增加，此时必须加强通风换气。同时，注意保持菇棚内较高的空气相对湿度，使水、气、温都能满足菇蕾分化生长的需要。气温高时早、晚通风，并在窗上挂遮阳网或草帘；气温低时白天开南窗，晚上关窗，减少菇房的通风量。如遇阴雨天气，南、北窗均应全部打开，增加房棚内的氧气和提高空气相对湿度。

5. 间隙光照刺激 菌丝遇到光照，就会相互交织。扭结成白色粒状原基。因此开袋后适度引进光线刺激，是一种催蕾措施。操作时野外菇棚可拨开棚顶的遮阳物，室内菇房打开门窗，让散射光线透进房棚内。处理3～5天后，菌袋表面出现白色晶粒，并伴随水珠出现，再过 3～4 天菌袋面上会出现密集的原基。催蕾期引进散射光 150 勒，以在棚房内能阅读报纸即可。如果光线过强或直接照射到菌丝体，如果保湿工作没跟上时，会造成菌丝干燥，表层不结膜，原基不能形成。

6. 异常现象排除 在催蕾阶段，由于菌袋接种偏晚，或气候条件的限制，或管理上的失误，以及品种差异等原因，造成菇蕾发生不正常现象。有的原基形成后不分化成菇蕾，或因气温偏高，光照太强，气候过于干燥，原基枯萎和消失。因此，原基形成前，如果气温偏高，昼夜温差也小，就不要急于人为拉大温差。否则，即使形成原基，最终也会消失，无效地消耗大量营养，影响以后的产量。若遇此情况，应耐心等待时机，密切关注天气预报。当日平均温度降至 16℃左右时，立即采用各种刺激办法，进一步拉大昼夜温差和干、湿差，保持 3～5 天后，原基即可形成。在气温回升时，要充分利用夜间的低温，并在菇房内壁和地面上泼浇井水或其他凉水，控制温度在 20℃以下，保持空气新鲜。这样就可以顺利形成原基，并分化为菇蕾。

（六）出菇管理技术

茶薪菇子实体生长阶段管理重点是人为控制温度、湿度、空气、光照，以满足其生长发育的要求，达到高产优质。具体掌握以下 5 点。

1. 严格控制温标 子实体发育的温度范围视品种温型而定，常用的中高温型的菌株为 10℃～30℃，其中在 20℃～25℃这个温区，子实体发育最好。气温低于 8℃时，子实体无法形成，10℃～15℃时长速慢，菇肉厚，品质优，但产量低。25℃～28℃时，发育快，出菇快，菇肉薄，质量差。温度超过

30℃时，原基难以形成菇蕾，易死菇烂袋。因此，在子实体生长发育期，应掌握好“两个温标”。

(1)最适温标　长菇期最适温度20℃～25℃。这其中还要掌握菇体生长不同时期，当袋内形成似油菜籽大小的原基，并发育到火柴梗一样的幼菇时，给予22℃～25℃使其发育稍快；1～2天后温度宜控制在20℃～23℃，使其长速适中，菌盖肥厚，菌柄中粗；12～15天可调高2℃，促使发育健壮，形成优质菇。

(2)极限温标　长菇期温度最低不能低于8℃，若遇冬季连续几天0℃以下低温情况，子实体易受冻伤，因此应做好加温防冻。春季北方日光温室最高不超过25℃，遇超温时，菇棚上方遮阴，加强通风排湿，夜间还要防止与白天的温差过大，以免影响子实体正常生长。

2. 注意湿度极限　茶薪菇出菇阶段要求空气相对湿度为90%～95%。出菇时子实体一方面从基质中吸收大量的水分，一方面从空气中吸收水分，以维持正常生长发育要求。因此，长菇期以保湿增湿为主。如菌袋失水过多，则应采取喷水让菌袋吸收，或注射或浸水等方式给菌袋补水。在管理上注意控制“两个极限”指标。

(1)空气相对湿度不低于75%　湿度偏低，菌盖表面粗糙，长时间干燥时，菌盖表面易裂。为此长菇期每天要喷水1～2次，气候干燥，菇棚内摆袋量大，水分需求量增加，每天要喷水2～3次，以达到菇棚内湿润环境。

(2)空气相对湿度不超过95%　现有喷水大多数是在菇棚内建水池，用压力水泵喷头喷水。喷水量较大，容易造成湿度超标；加上喷水后没大量通风，棚内缺氧，易造成子实体霉烂。因此，要注意控制喷水量，同时加大通风量，使空气对流形成良好湿润环境,使子实体发育正常。

3. 保持空气新鲜 茶薪菇属好气性真菌,菌丝恢复生长和子实体发育阶段新陈代谢,需要吸收充足的氧气,并呼出二氧化碳。空气中含氧量为20.9%,二氧化碳为0.03%,氮气78.1%,氨气0.9%。剩下的是惰性气体的比率不断变化的水蒸气。子实体在生长发育时,呼吸作用加快,每袋菇每小时排出二氧化碳0.1~0.5克。当空气中的二氧化碳浓度过大时,就会抑制原基的分化和子实体的发育。但在生产上,也可利用这一特性,像栽培金针菇那样,获得菌柄粗长的产品。为此,在通风方面要求掌握好2点。

(1)掌握通风时间 通风可使菇房内的空气状态接近外界空气,同时开动房内排气扇,使有害气体排出房外。秋末长菇期气温高时,采取早、晚或夜间通风;冬季和早春气温低,宜在中午通风,使菇棚内保持空气新鲜。长菇阶段菇房内二氧化碳浓度最高不得超过0.1%。

(2)通风保温两兼顾 冬季气温低,通风后外界冷空气进入,降低了房内温、湿度,为此两者形成矛盾。长菇期菇房温度要求不低于8℃,调节的办法:在低温季节通风要在中午进行,早、晚气温低不宜通风。同时,通风还得与保温协调好,防止顾此失彼。日光温室菇房两侧塑料膜要经常掀起,后墙通风窗口要常开,使棚房内空气正常。

4. 合理调节光照 在原基分化子实体生长,最适合的光照为300~500勒,以棚内能阅读报纸为适。光照不足时生长慢,菇体薄,色泽深;但光照太强,长菇慢,菌盖干亮,产量少。调节光源主要是菇棚通风窗打开,让光线透进,上方遮阳物调节稀疏透光。

5. 配合多项刺激 采用温差、干湿、光暗和振动等刺激,是菌丝生长转向原基分化，形成菇蕾的重要条件。出菇可以冷水刺激和振动刺激。冷水处理不是菌袋补水，而是利用低水温刺激菌袋。覆土、搬运菌袋或拍击菌袋，这些带有振动性的操作可对菌丝体起到机械刺激，有利于原基形成。

（七）秋、冬菇管理技术

秋、冬菇是春栽产菇的旺盛期，管理技术上要注意4点。

1. 保温通风增氧 秋季气温由高到低，中秋后气温渐凉，秋菇正处于菌袋养分和水分充足，自然气温较适宜环境。因此第一、第二和第三潮菇体态健壮，品质较好，不少菇农秋季就收回了生产成本。在秋菇管理上要注意保温，还可以利用自然温差刺激，使转潮快，同时加强通风增氧，促进多产优质菇。后期气温较冷，进入冬季，主要做好加温、保温和保湿，并注意通风增氧。当气温降到23℃左右时，每天早、中、晚应通风1次。当气温降到20℃时，每天早、晚各通风1次。当气温降到18℃以下时，每天通风1次，每次通风约半小时，尽可能维持菇棚内空气相对湿度在90%，避免菌丝体失水。

2. 灵活掌握增湿 每潮菇采收后，要及时清理菇场，剔除残留在菌袋上的菇脚，挖除老根和死蕾，防止菇脚霉烂引起杂菌侵入。采后停止喷水，增加通风换气次数，延长通风时间，降低菌袋表面菌丝湿度，使菌丝迅速恢复生长，并储蓄营养。养菌5～6天后，当菌袋采菇后留下的凹陷处菌丝发白时，表明菌丝已恢复。此时，白天进行喷水提高湿度，夜间通风干燥，有意拉大温差和湿差，每天可喷水1～3次。喷水应灵活掌握。晴天、干燥天多喷水，雨天不喷，阴天少喷；菇体小时少喷，菇体大时多喷；地湿时少喷，地干时多喷；采菇前不喷。还要利用气温的周期变化，抓住机遇，通过3～5天干湿交替，冷热刺激，促使原基和菇蕾形成。秋季自然气温有利于长菇，只要喷水和通风配合好，1 个月可收 2 潮菇。10 月末至 11 月份，南方自然气温一般在 18℃左右，菇棚内保持在 20℃以上时有利于子实体生长发育。秋高气燥，空气相对湿度低，且因菌袋经长完一二潮菇后，有所失重，因此需要加强喷水保湿，防止菌袋失水。

3. 补充袋内水分 秋、冬菇一般可收 4～5 潮。第三潮菇的形成，因气候变化，应以保温、保湿为主，养菌复壮。根据秋、冬季出菇情况及菌袋长菇后的重量情况，给菌袋注水或浸水，增加菌袋的含水量，使菌丝复壮。也可加大喷水量，让袋内积水 1～2 厘米，8～12 小时后把水倒出，让菌袋晾 3～4 天，促使继续长菇；同时浸水有利于杀灭线虫。如果冬末保温好，措施跟上，可采收 1～2 潮菇，越冬后至翌年春季继续出菇。

4. 防止杂菌烂蕾 秋、冬季长菇管理中，还要注意防治杂菌感染。采菇后菌丝处于恢复生长过程，所以抵抗杂菌的侵染能力差。绿霉和曲霉侵染，造成袋内菌丝体表面形成真菌斑，影响出菇或菇蕾霉烂。因此，要及时检查发现，采用 5%来苏儿溶液涂抹病斑处，然后挖除或切除。同时加大通风量，降低湿度，让菌丝健壮生长，提高自身抗霉力，控制霉害蔓延。

（八）春、夏菇管理技术

茶薪菇菌袋经过秋、冬季长菇后，到翌年春季，养分和水分已降低，在管理技术方面与秋、冬菇有差别，主要掌握以下 4 项措施。

1. 控温通风增氧 春季气温由低向高递升，春菇产菇量的比重与秋菇相等，其品质前期较好，后期稍差。空气湿润，雨量充沛，自然温度和湿度适合茶薪菇子实体形成与发育。

在管理上掌握好长菇最适温度条件的同时，应特别注意控制湿度。春季雨水多，空气相对湿度较大，要加强通风换气，保持棚房内空气新鲜，防止真菌侵染。

2. 遮阴微喷降温 春末夏初自然气温升高，应采用遮阳棚加厚遮阳物，创造一个“九阴一阳”的阴凉环境。菌袋越夏，气温超过30℃时，可在菇棚四周开沟，引进活动水流，使棚内阴湿。每天午后向棚顶喷水，降低棚内温度。有条件的生产基地可在菇棚顶上安装喷灌系统，采用定时喷灌、降温、增湿。在供水的压力下，通过微喷头使喷出的水形成细雾，在空气中飘移时间长，达到降温增湿的目的。据观察，如外界气温在35℃～38℃时，喷雾后棚内温度可降至28℃～31℃，地表温度降至25℃～29℃，平均降温可达4℃～8℃。喷雾后要适当通风，有利于水分的汽化和散热。基本能满足子实体生长对温、湿度的要求。但喷水要有节制，既要保持一定的水分，又不至于终日过分潮湿。

3. 适时补充水分 长菇后菌袋减轻时，应及时浸水。但补水不宜过量，以免造成过湿、高温，引起菌丝死亡，杂菌孳生，菌袋解体。喷水和采收等管理工作，应在气温低的早、晚进行。春菇可收获4～5潮，间隔时间为10～15天。

4. 菌袋安全度夏 夏季气温高，要人为创造阴凉环境，保护菌袋安全度夏。同时，注意气象变化，争取利用短暂适宜气候。尤其是南方8月份前后台风期气温下降，空气相对湿度大，趁此机会管理好，盛夏可长出1～2潮菇，但产量低，品质较差。

（九）子实体生长管理技术日程

茶薪菇菌袋上架排场后至第一潮菇开采，一般需12～15

天时间。为了便于菇农在生产实践中更好地掌握出菇管理技术，笔者认真观察菌袋上架至第一潮菇采收，这段时间的管理技术，特列表供对照(表 5-2)。

表 5-2　茶薪菇子实体生长管理技术日程表

菌袋进入长菇期(天)	生长发育表现	主要作业内容	生态控制			
			温度(℃)	相对湿度(%)	通风	光照
1～3	菌丝色泽浓白，料面出现零星黄褐色斑点	区别进棚袋况，分类摆袋上架，拉直袋口；开口前喷药灭害，1～2 天后解开袋绳通气，喷水增湿	20～25	80～85	菇棚空气新鲜	散射光 300 勒
4～7	菌丝浓白，互相交织，密集茶籽粒状褐色原基	反卷袋口薄膜，增氧，喷水增湿，间歇光照，调袋振动刺激	22～25	85～90	早晚通风，加大排气	散射光 200～300 勒
8～11	原基分化成火柴梗似的幼菇	喷水增湿，观察温度，及时调控，加强通风，防止高温、过湿烂蕾	20～23	90～95	敞开门窗，空气流通	散射光 300～500 勒
12～15	菇蕾发育，菌盖半球状，柄伸长，子实体形成	喷水保湿，无积水，调节通风量，观察菇体长势，适期采收	22～25	90～95	保持空气新鲜	散射光 300～500 勒

菌袋上架排场开口后，调控适宜温、湿、气、光，一般 12～

15 天第一潮菇开始采收。温度超过框定上限范围，子实体发育快，菇薄、品质差；如果超过框定下限温度时，则子实体形成时间慢 1～2 天，品质好，但产量低。而 20℃～25℃这个温区，是子实体正常生长发育的最佳温度范围。

（十）子实体转潮管理技术

茶薪菇袋栽，菌丝体不直接裸露于环境之中。菌袋内的小环境相对稳定，菌丝受到尚余部分袋膜的保护。各季产菇的潮次，因气候不同，转潮时间有别。秋季菌袋基质好，每月可采 2 潮菇，间隔 7～8 天；冬季气温低，子实体发育慢，间隔 10～13 天；春季气温虽适，但菌袋基质差，长菇量少，品质稍差，间距 5～6 天。在管理上，要加以区别采取相应措施。

1. 前潮菇管理　开口出菇的菌丝体，由菌袋包裹，基质内含水量仍能继续被菌丝吸收。因此，前潮菇自然温度比较适宜长菇。但应调节湿度，一般喷雾于空气中，使水雾点落于袋内；地面浇水，可增加空气相对湿度，就能满足子实体生长。

2. 转潮期管理　转潮期必须满足菌丝、原基和子实体对生长条件的不同需求。在管理中针对当地、当季气候条件变化，加强对光、温、气、湿的调节，灵活掌握。采完每一潮菇后，清理菇根残留，停止喷水 6～8 天，加强通风换气，直到菌袋上菌根处发白时，再按照前述各季产菇的出菇管理方法进行。转潮期管理的重点是养菌，使菌丝恢复繁衍与积累养分，为下一潮菇的形成提供必需的物质基础，以促进下一潮菇的迅速生长。

3. 后潮菇管理　随着长菇潮次的增加，菌袋内的营养大量消耗，水分含量严重减少，菌丝活力渐弱。因此适时、适量给菌袋补充水分和养分，就成为茶薪菇末潮菇管理的重点。

(十一)菌袋补水追肥措施

子实体采收 3～4 潮后，菌袋内的营养大量消耗，菌丝活力渐弱，菌袋内的水分大量下降，子实体生长受到抑制，产量受到影响。为使菌丝尽快恢复营养生长，加速分解和积累养分，除延长养菌时间外，最有效的办法就是适时、适量给袋内补充水分和营养。

1. 补水方法 菌袋补水各产区方法不同。福建省古田县菇农，多采用喷水至袋内蓄水 1～2 厘米，使袋内菌丝吸收，含水量不低于 50%。江西省遂川、广昌等地多采用浸水法和注水法。浸水法是将菌袋用 8 号铁丝在袋中央打 2～3 个洞，深为菌袋直径的 1/2，然后将菌袋一层一层叠满浸水沟或浸水池。再用木板压紧上层菌袋，用石块固定，不让菌袋浮起。然后灌进清水或将配制的营养液倒入，直至淹没菌袋为止。浸水以达到每次相应的重量标准为止。注水法是在菇棚设 1 个 2 米高的铁桶水塔，接上数根小塑料管，每根小管头上接 1 个钻有小孔的注水器，注水器垂直插入袋口，水就会通过小孔均匀地流灌进菌袋中。注水结束后，加强通风，沥干表面水分。

2. 追肥品种 茶薪菇子实体发育常用的追肥，有叶面宝，使用适宜浓度为 8 000 倍液；或采用 $0.5\times10^{-6}\sim1\times10^{-6}$ 的三十烷醇稀释液；也可采用 0.1%～0.2%尿素加 1%葡萄糖液。在每潮菇采收后进行喷洒，能增强细胞的渗透性，刺激原基形成。此外，用 1%～3%葡萄糖，加 0.1%磷酸二氢钾和 0.2%尿素，配制成复合液喷施，都可取得明显增产效果。

追肥时注意 3 点：一是采收时，不宜追肥；二是当气温超过 27℃时，不宜喷灌糖液，以免污染杂菌；三是追肥的浓度和用量必须适当，浓度过大或用量过多，都不利于茶薪菇子实体生长。

（十二）长菇异常现象排除

1. 菇蕾枯萎 由于环境干燥，光线过强，使形成的菇蕾逐渐枯萎。因此，在原基形成过程中，注意保湿、增氧和控光（光照度控制在300勒），避免空气干燥和二氧化碳浓度过大。

2. 畸形菇 畸形菇常因菌袋生理成熟，气温下降有利于子实体形成，因没有及时开袋，大批菇蕾迅速生长，因受袋膜限制而长成畸形。因此，在菌袋上架摆放时，应及时开口，保湿、增氧，每天通风换气，结合喷水调湿，保持空气相对湿度为90%～95%，促使菇体正常生长。

3. 菇小而密 其原因是菌袋生理成熟不足，昼夜温差大，或水刺激过重，或栽培后期营养耗尽，不能满足子实体正常生长发育的需求。因此，菌丝生理成熟后，温差刺激时间不宜太长，一般不超过3～5天。在长菇后期，给菌袋补充营养源，并延长转潮的养菌时间，使菌丝积累充足营养。同时，在浸水或注水处理上，宜适可而止。

4. 侧生菇 袋料偏松，料与薄膜之间形成空隙，开口时进入大量空气；加上光照刺激，表面基质收缩，原基从袋旁出现，形成侧生菇；有的因菌袋摆放处于光线偏暗位置，子实体从侧光方向发生。避免侧生菇发生，要求装料紧实，摆袋时不宜过早开口，开口后注意菌袋调整上下里外位置，均衡光照度。

四、大袋两端长菇栽培管理技术

茶薪菇大面积生产，常用15厘米×(30～33)厘米的栽培袋,单头开口长菇。江西省抚州市曾爱民、危贵茂(2006)研究采取(17～24)厘米×(40～50)厘米的大袋,两端长菇,并结合覆土方式进行栽培,取得省工、省料、长菇期长,产量高的经济效益。下面介绍其具体操作方法。

(一)季节选择

大袋栽培法,菌袋接种宜选择在冬季或秋末冬初进行。在此期间人为创造菌丝生长发育所需要的温度条件,使其安全过冬养菌。经冬季和早春养菌至菌丝长满全袋后,待春季气温回升适宜出菇时,即可进行催蕾出菇管理。这样,长菇期长,基本上当季可出完菇。另外,冬季栽培杂菌污染率低,且此时农村处于冬闲,更有利于茶薪菇大袋栽培的规模化。

具体时间安排:长江以南地区,可在气温不是最低的11～12月份进行,这样抢温接种,有利于菌丝萌发,及时占领料面,减少杂菌污染。长江以北地区,可提前到10～11月份进行,防止气候寒冷,菌丝难以萌发。

(二)装袋灭菌

培养基配制按常规,因地制宜选用配方,进行混合搅拌均匀,含水量掌握60%为宜。装袋时先将塑料袋一端用线绳扎紧,再将配制好的培养料装入袋内,边装边压边振动,使料松紧度适宜。装满袋后将另一端也用线绳扎紧,每袋装湿料3千克左右。装袋后及时灭菌,由于大袋装料多,高压灭菌相对比常规适当延长1～2小时,即采用0.245兆帕的压力,128℃的温度,灭菌4～5小时;常压灭菌要求在5小时内升温100℃,并保持24小时,这样才能达到灭菌彻底的目的。

(三)冷却接种

当袋温冷却至28℃以下时，以无菌操作方式抢温接种。先将袋口打开，用消毒过的锥形木棒在料面上钻接种穴，穴口直径2厘米左右，穴深3～5厘米，两端各2～4穴。接种时应尽量接满穴口，有利于菌丝尽快占领料面，减少杂菌污染。接菌后两端再上加套颈圈。套时以左手握捏菌袋口成束状，右手套上颈圈；将袋口向下翻卷于颈圈外侧，再以左手拇、食指摁住颈圈，右手食指沿颈圈内侧顺时针旋转；再将塑料袋向颈圈内侧贴靠压实。然后将消毒棉塞塞于颈圈内。

(四)保温养菌

将接种后的菌袋，搬入培养室进行排场堆叠，菌袋堆高6～8层覆膜。菌袋培养15～20天后，接种口菌丝向四周蔓延，布满料面，此时进行翻堆检查。养菌期间若遇霜冷天气，培养室需加温，以促进菌丝正常生长。保护设施作养菌室。如若是野外栽培，要采取增温、保温措施，可在白天将大棚遮阳物揭去，引光提高菇棚内温度；晚上在棚膜上加盖草苫保温。注意通风换气，防止二氧化碳积累过多，造成菌丝发育不良。冬季养菌由于气温低，培养时间长达3～4个月，营养积累丰富，出菇质量好，产量较高。

(五)两端出菇

“惊蛰”前后，气温回升时，可将生理成熟的菌袋进行两头开口(或割膜)转色催蕾；同时注意通风、控温、保湿协调进行。在出菇阶段，水分以轻喷、勤喷雾化水，保持空气相对湿度90%～95%。天气潮湿时减少喷水次数。转潮阶段，空气相对湿度要适当降低，停止喷水数日，让菌丝恢复生长。

(六)续菇管理

两头出菇的菌袋，长菇采收2～3潮菇后，袋内菌筒失水严重，可采取脱袋进行覆土栽培。覆土既可减少袋水分散失，又便于浇水施肥，有利于菌丝体缓慢吸收营养、水分，增强后劲，创造后期生殖生长良好的生态条件，促使后续菇良好生长。覆土方式有2种：一是菌墙式覆土；二是坑畦式覆土。具体操作方法：将采过2～3潮菇后的菌袋脱去袋膜，取出菌筒，切成两段。把菌筒切断面朝外，平卧摆放两排于畦床上，每排菌筒留间隙3～5厘米；然后用肥土填充间隙，表面覆盖1～2厘米厚的肥土。覆土后立即喷水，调整土粒水分，保持覆土层湿润。连续调水3天，采取轻喷勤灌，不可一次喷水太多，同时注意通风换气，促使菌丝扭结成原基。菇蕾形成后适度喷出菇水，保持空气相对湿度为90％～95％，使子实体正常生长。覆土出菇期可持续2～4个月，出菇时间可至7月份小暑期间，再收3～4潮菇。

大袋装料，冬季保温发菌，菌袋成品率高，菌丝生长健壮。早春即可开始催菇管理，出菇2～3潮后，结合覆土栽培，出菇时间明显延长。由于出菇时间早，当季菌袋就可以出完菇，不需再经越夏处理。此种栽培模式经推广后，受到广大种菇户的欢迎。

五、菌筒墙式覆土长菇管理技术

茶薪菇栽培过程中，各产区在实践中摸索到许多新的栽培方式。其中菌筒覆土栽培，具有省工省钱，管理方便。菌丝长满袋后，割袋或脱袋多种方式覆土，形成菌墙长菇，可省去采菇后补水工序，且产量明显提高，质量好。这里特作介绍，供选用。

（一）利用土壤功能

1. 有益微生物　土壤中含有各种微生物产生的抗生素和激素，以及大量的微量元素，可刺激茶薪菇菌丝扭结、提早出菇。

2. 基质微循环　土壤为菌筒提供水分，具有保湿功能；同时，土壤可改善菌筒基质微环境的 pH 值，降低菌丝生长过程中产生的代谢酸浓度，有利于菌丝营养生长。

3. 促使基质分解　埋筒覆土后有利于菌丝对培养基质的分解和吸收，积累丰富的养分，使菇体结构致密，商品性状较好。

4. 地表自然降温　夏季外界 30℃ 时，地表温度只有 25℃，相差 5℃。利用土层降温的特殊功能，创造了有利于夏季长菇的适宜温度，而且棚内小气候环境相对稳定，长菇期受外界气温变化的影响不大。

5. 屏蔽克制虫害　覆土的屏蔽作用，可有效克服虫害；同时由于菌筒覆土，床面长菇，使子实体生长不拥挤，养分集中，有利于提高茶薪菇的产量和品质。

6. 抵制杂菌污染　一些常见的杂菌，如毛霉、曲霉、根霉、木霉和脉孢霉等，其发生和繁殖的共同特点是好气、好高温和好酸性的环境，通常发生在与空气接触多的培养料表面。采用覆土后可减少菌袋的水分散失，又可抑制杂菌污染。

(二)菌筒覆土方式

茶薪菇覆土栽培方式:有墙式覆土栽培和畦(坑)式覆土栽培。墙式覆土又分为单层墙式、双层墙式和依靠土墙单层墙式3种不同覆土方式(图5-2)。

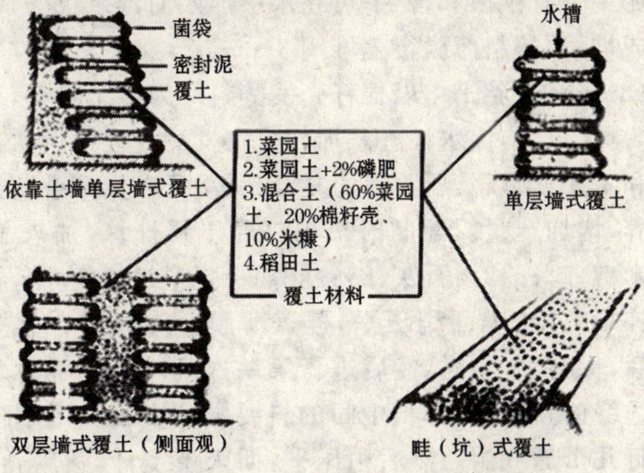

图5-2　覆土方式　(引自杨月明、李美良、李根良,2004)

(三)墙式覆土操作规程

墙式覆土栽培具体操作技术规程如下。

1. 场地选择　根据当地现有条件,选择野外荫棚、蔬菜大棚和日光温室等各种保护地作场地,尤其是利用温室(棚),具有保温好,管理方便,出菇快,生育期长,产量高等特点,其效益更为理想。

2. 覆土准备　覆土以营养丰富,颗粒性状良好,吸水保水性强,pH值6.5～7为宜。通常采用肥土(菜园土)、营养土(棉籽壳发酵料土)、稻壳土、泥炭混合土和常规粗细土。

(1)肥土　挖取地表10厘米深处的富含腐殖质的菜园土和林荫地土。然后将土块打碎，拣去石头、杂质并过筛，再放在干净的水泥地或砖地上暴晒1天后，加入1%～2%的石灰、2%磷肥拌匀，再将0.1%的复合肥溶于水，混合搅拌。为防止泥中带有杂菌和害虫，可在水中加入消毒杀虫药剂，搅拌后集成堆，用塑料薄膜覆盖堆闷3～5天。

(2)混合营养土　以棉籽壳发酵料作为覆土材料，其疏松通气，持水量大，保水性好。棉籽壳在发酵过程中所熟化的纤维素和木质素，以及所贮存的复合肥等，可以供给茶薪菇生长的营养，增加产量。配制时按棉籽壳干料计算，加入10%麦麸或米糠、1%～2%石灰、2%过磷酸钙、0.1%复合肥，拌好后集成梯形料堆，表面稍压平，覆盖薄膜。待料温自然上升到65℃后，保持24小时，然后进行第一次翻堆。翻堆时要将表层及边缘的料翻到中间，中间的料要翻到表面。用木棒在料堆上打几个通气洞。然后稍压平，插入温度计，覆膜，再升温到65℃。如此进行3次。发酵后棉籽壳和土壤按1∶8～10的比例混合拌匀，达到无泥块，含水量达50%左右。

3. 覆土工序　菌墙底先垫一层2厘米左右的细沙，或透水性较好的沙土。将生理成熟的菌袋，沿袋口培养基表面剪平，并用小刀在塑料袋侧面割3～4道5～7厘米长的小口子；菌袋底部割掉薄膜，以利于菌袋在菌墙中吸收湿气和营养，排除菌袋多余的积水。再将割口的菌袋顺着门窗方向，平卧摆成间距20～30厘米的两排，中间填充经过处理的肥土或营养土。摆好一层菌袋，覆盖一层1～2厘米厚的土，再摆第二层菌袋，再填土。如此摆放8～10层。两头开口的菌袋，袋底一端向内，袋口一端朝外，逐层叠成菌墙，在最上层覆盖10～12

厘米厚的土做成槽。并在双排菌墙之间填土处，打 3～5 个 0.3～0.5 米深的洞，便于在出菇期浇水。在菌墙与菌墙之间要留 50～80 厘米宽的人行道，便于作业。

4. 调水保湿　覆土后保持覆土层水分，促进菌丝生长于覆土层内。不同覆土的土质，采取不同覆土方法：覆肥土的，应先将肥土预湿，在 2～3 天调足水分，以土粒不会黏结成团为宜。覆土后的调水，一般第一天按每 100 千克覆土，调水 3～5 升，第二天按每 100 千克覆土调水 4～8 升，第三天按每 100 千克覆土，调水 4～6 升。调水采取轻喷勤浇的方法，不可一次浇水太多，防止水分流入料内，伤害菌丝。覆混合营养土的，要求在 1～2 天进行，调水应掌握少量多次，分 3～5 次调水，将覆土层调节到适宜的湿度，每 100 千克覆土的总用水量为 6～8 升，以水分湿透菌墙为宜。

5. 出菇管理　在出菇阶段所需的水分，来源于培养料和覆土层及空气。菌墙覆土栽培，菌袋外侧出菇，而内侧菌丝则伸入土中，吸收水分和营养物质。覆土栽培的水分管理，其重点是对覆土层喷水和调节菇棚内的空气相对湿度。喷水时应采取喷灌，以保持覆土层松软潮湿，空气相对湿度以90%～95%为宜。每天在地面和走道的上空，以及四周墙壁，喷雾化水 2～3 次。阴雨潮湿天气要多通风，以增加空气相对湿度。每潮出菇高峰过后，要降低菇棚内空气相对湿度，对地面和空间要少喷水或不喷水。此外，还应结合当时当地的气候条件和菇棚保湿性能等，灵活掌握。出菇 2～3 潮后，培养料中的大量营养物质被吸收利用，因此第四潮菇量少，菇小，盖小，单生，不成丛。此时，应合理追肥，增加覆土层的养分，促进继续保持产菇能力。覆土栽培可持续采收 4～6 潮菇，其生育期要比其他栽培方式长 2 个月左右。

出菇期常用的追肥，可用0.2%～0.3%的尿素液；或1%～2%葡萄糖液，也可采用0.1%～0.2%尿素，加1%葡萄糖复合液；还可选用$0.5\times10^{-6}\sim1\times10^{-6}$的三十烷醇稀释液，追肥可结合喷出菇水进行，促使产量提高。

（四）畦床覆土栽培操作规程

1. 整理菇床 栽培场地选择保水性较好，土地肥沃，排灌方便的平地或稻田。挖成宽80～100厘米，深25～30厘米，长度不限的南北向菇床。床间距为50～60厘米，四周及床底拍实，并分别喷洒菜籽饼浸液或烟秆浸液消毒和杀虫。菇床面要支上竹弓，并覆以薄膜。菇场用竹木搭成棚架，在冬季棚顶面不盖遮阳物，以提高棚内温度；春分过后，棚顶加盖遮阳物，以“二阳、八阴”的遮阳度为宜。

2. 脱袋覆土 将生理成熟的菌袋脱去袋膜，把菌筒竖直靠紧排放于菇床中，表面覆土3～4厘米厚。若用常规粗、细土覆土，先覆大小介于粗、细土之间的土粒，再覆一层3～3.5厘米的粗土。土粒要铺平排紧，不要重叠，等菌丝吃土后，填补菌筒之间空隙。第一次覆细土，以看不见粗土为度。再过8～12天，采取覆一层半干半湿的细土，厚度为1～2厘米。覆土时，先用土填实菌筒之间的空隙，再将肥土一次性均匀地覆盖一层厚2～2.5厘米；经过10～20天后，再覆盖一层厚约1厘米肥土。

3. 调水通风 覆粗土后1～2天开始调水，连续调水3天，每100千克覆土用水量15～20升，分3天进行。每次喷水量不能太多，粗土中含水量为20%左右，能用手捏扁而不黏手。调水期间要打开门窗通风换气。覆细土后第二天开始调水，先少后多，先干后湿。每天喷水1次，每次按100千克覆土，喷水量1～1.5升即可。2～3天调好细土水分，使覆土含水量达16%左右。调水期间经常通风换气，促进菌丝扭结形成原基。当覆土层开始出现黄水时，停止喷水2～3天，并加强通风换气促进原基形成。待土层内幼蕾形成时，及时喷出菇水。

4. 出菇管理 菌蕾形成后及时喷水，分为2～4天进行，每100千克覆土喷水4升左右，达到细土能捏得扁、搓得圆为度。喷出菇水后，要逐渐减少通风，增加室内空气相对湿度，并保持在90%～95%，以达到优质高产目的。

六、夏、冬季配套周年制生产技术

在自然条件下，茶薪菇产季一般是春季3～6月份，秋季9～11月份。这两个时段自然的温度、湿度较适宜，管理容易。冬季气温低，长菇量少，甚至不长菇；而菌袋越冬消耗养分、水分，需到翌年春季气温回升时才能出菇；夏季气温高，不适合长菇，菌袋越夏消耗养分和水分，到秋季气候凉爽时才长菇。这样，越夏、越冬时间长，菌袋营养损耗大，又浪费生产设施和资源的利用。而夏、冬季茶薪菇货源紧缺，市场销路畅通，价格好，特别是鲜品，成为抢手货，价格高，经济效益成倍增加。因此，在冬季和夏季选择气候适应的区域，创造与茶薪菇子实体自然生长相类似的环境条件，进行反季节栽培出菇，形成春、夏、秋、冬周年制生产的格局，是提高茶薪菇生产经济效益的一项有效措施。

（一）夏季栽培技术措施

1. 产地条件 夏季气温高，茶薪菇子实体生长处于休眠状态，为此夏季栽培管理上称为反季节生产。夏季产菇的区域条件，在南方诸省应选择海拔 800 米以上的山区，在北方省(自治区)以 6～8 月份平均气温不超过 30℃的地区适合生产。要在夏季出菇，其菌袋生产一般安排 3～4 个月，养菌 2 个月后进入夏季长菇。冬季产菇的地区，应以低海拔平原，冬季无 0℃的地区。加上菇棚保温设施，可以长菇。其菌袋生产安排在 9～10 月份，养菌 2 个月后进入冬季长菇。

实施夏季长菇的栽培场地，应选择依山傍水通风良好，水源充足，太阳照射时间短，无西照的林荫地，搭建塑料荫棚或利用人防地道。野外荫棚要加厚遮盖物，棚旁种瓜豆蔓藤作物，以利于隔热；并开好棚旁围沟，引入流动水，棚顶安装微喷，创造阴凉环境。

2. 配套菌株 选择抗逆力强、中高温型的优良菌株。如丰茶 1 号、闽茶 1 号、赣茶 2 号等，菌丝生长适温广，子实体原基在 25℃～30℃下也能分化生长。除选择优质菌种外，还需适当加大接种量，特别是料面要尽量多放菌种，使菌丝尽快生长，占领料层表面，减少杂菌侵染机会。

3. 原料配制 栽培原料的选择：棉籽壳应选择籽壳多、纤维少、疏松柔软的；木屑应适当增加粗木屑的含量，以提高培养料的透气性。培养料的含水量宜小不宜大，最好控制在55%左右。适当减少麦麸、玉米粉、饼肥及糖的用量。培养料装袋要松一些，不宜太紧。因菌丝生长时，会增高袋温，袋料疏松一些有利于散发热量。装袋后要立即灭菌，防止因在天热条件下放置时间长，培养料容易酸败。接种时间应安排在午夜气温较低、杂菌活动较弱的时间进行，防止接种操作过程受杂菌污染。

4. 发菌培养 春接种夏长菇，气温由低到高，发菌期管理的重点和难点，是防止温度过高，造成菌丝生长不良。室内发菌堆码不宜太高，堆与堆之间不能太挤，菌袋要疏散排列，以防袋温上升过快，热量不易散发，引起烧菌。白天要关好门窗，外用遮阳网或草帘遮阴，防止室外热气进入室内。夜间打开门窗，进行降温。气温超过 30℃时，应开动电扇或排风扇强行降温。野外荫棚，加厚加密遮阳物或遮阳网，使之阴凉通风，清洁干燥，光线暗淡。如遇高温可在外面向草帘上浇水降温。在菌袋发菌至 1/2～2/3 时，选择阴凉天气，分别刺 2～5 个微孔，使菌丝增氧复壮。避免堆温、菌温过高。

5. 出菇管理 南方高海拔山区或是北方夏季无高温地区，在夏季都会偶然有气温超过 35℃时段；同时在菌丝催蕾时期，新陈代谢加强，放出大量的热，使室温、堆温升高。一般菌温、堆温比室温会高 5℃以上，极易造成高温烧菌，菌丝变弱，产量大减。因此，夏季长菇应采取以下技术措施。

(1)开袋催蕾观气象 夏季开袋催蕾必须关注中、长期的气象预报，选择连续阴凉、下雨天气前开袋，并采用地面多层架直立排袋出菇。同时，加强通风换气，野外荫棚加厚遮阳物，创造一个“九阴一阳”的阴凉环境。每天午后高温阶段向棚顶喷水。最好是菇棚安装喷灌系统，采用雾灌降温，在供水压力下，通过微喷头使喷出的水形成细雾，使其在空气中飘移时间增长，达到降温的目的。

(2)利用地表降温 棚内喷雾后温度可降至 28℃，地表温度可降至 26℃。喷雾后适当通风，有利于水分的气化散热，平均降温可达 4℃～8℃，基本上可满足子实体生长对温、湿度的要求。

(3)节制适宜水分 喷水要有节制，既要保持一定的水分，又不至终日过分潮湿。长菇后菌袋重量减轻时，应及时浸水。但补水不宜过量，否则造成的高湿、高温，会引起菌丝死亡，杂菌孳生，菌袋解体。

(4)保持空气新鲜　夏季野外荫棚空气清新，氧气充足，只要棚内温度掌握在26℃左右，子实体就会迅速生长。如果管理得当，照常可获得较好的收成。

(二)冬季栽培技术措施

冬季天寒地冻，茶薪菇子实体生长困难，基本处于停产。冬季又是元旦、圣诞、春节“三大节日”，以及民间喜庆宴席旺季，茶薪菇消费量大，形成供求不平衡，菇价也高，是栽培效益好的黄金时段。因此，积极发展冬季生长茶薪菇成为一个亮点，具体技术措施如下。

1. 产地条件　冬季生产茶薪菇宜在低海拔、冬季无0℃的平川地区较合适。茶薪菇子实体低于10℃，原基分化子实体困难。为此，冬季栽培场地要选择背风向阳地方，室内菇房要暖和，保温性能好。野外栽培利用保护设施的冬暖型塑料大棚、小拱棚等，充分利用阳光作能源，棚内温度会比室外高5℃～10℃，基本能满足长菇的温度要求。

2. 配套菌株　选择中低温型耐寒性强，适应性好的菌株，如AS-1、AS·2、AS·b，一般均适合。使菌丝生长健壮，耐低温，抗性强，产量高。

3. 菌袋制作　冬季和早春长菇的菌袋制作，应安排在9～10月份进行接种。培养料选择棉籽壳，富含纤维素，氮素较丰富的为原料，适当增加细木屑的含量；辅料麦麸可比常规增加3%，使养分充足。袋料含水量掌握60%左右，装袋要紧实，在菌丝生长发育时，可以增高袋内的温度。

培养料灭菌时常因气候寒冷温度难上升，灭菌不彻底，导致菌袋成品率低。因此，冬季采用高压灭菌时，一般要比常规延长1小时；常压灭菌时间要比平常延长2～3小时，才能达到彻底灭菌的目的。灭菌后当袋温降至28℃以下时，进行抢温接种。

4. 发菌培养 冬季菌袋采取密集码垛，用薄膜覆盖，门窗密封，达到保温发菌。菌袋接种后15～20天，接种口菌丝向四周蔓延，覆盖料面。此时应进行翻堆检查，将菌袋排场堆叠，菌堆可堆紧些，并用薄膜覆盖保温。养菌期间若气温低于15℃时培养室应加温，以促进菌丝生长。菌丝生长过程，吸收氧气、放出二氧化碳，并释放热量，使堆温、料温升高。一般堆温、料温比室温高3℃～8℃。因此，冬季养菌，在菌丝封口后，应及时解带增氧，加快菌丝生长速度。当菌丝生长至1/2菌袋时，适当拉开袋口，以增强呼吸，加快新陈代谢。低温期加温时，应注意室内通风换气，防止二氧化碳聚集沉积，伤害菌丝。野外保护设施养菌的，白天可将菇棚遮阳物揭去，使棚膜吸收太阳热能，提高菇棚内温度；夜晚则要在薄膜上加盖草苫保温。

5. 出菇管理 冬季长菇要求人为创造一种近似秋季自然条件的环境，利用保护设施或加温措施，增温保湿。将秋末制袋接种的，菌丝已长满料袋的菌袋，进行催蕾出菇管理。主要利用冬暖塑料大棚设施，不需加温，就会比室外高8℃～12℃，且保温性能好，晴天中午开门通风换气。也可通过人工加温，控制在16℃～23℃。在冬季菇房旁边开设火炕燃烧口，房内用砖砌或用铁皮制成烟道，通过火炕烧火，增加室温。同时，采取塑料薄膜罩住菇房四周及顶部，以提高保温性能。此外注意开设排气窗或通风口，及时排除废气。冬季升温培养时，水分容易蒸发，应经常在地面和四周喷水保湿，保持房棚内空气相对湿度不低于 80%，做到保温、保湿和通风换气协调进行，促使寒冬照常长菇。

七、防空洞反季节栽培技术

我国各地区有许多防空洞、地下室等人防设施。利用这些人防设施发展反季节栽培茶薪菇，不仅可以填补夏季货源紧缺；而且还可以充分利用防空洞冬暖夏凉的优势，降低成本，提高经济效益，是一项可开发的项目。防空洞反季节栽培茶薪菇的具体技术如下。

（一）防空洞夏季环境

防空洞有多种形式，南方开山建洞，北方多设在距地面 3～10 米处。洞内有单巷通道式和回廊式。其温度波幅较少受外界自然气温的影响。在北方防空洞内常年保持 18℃～23℃，此温区较适合茶薪菇子实体生长发育。防空洞最好是南北走向一巷道，设 2 个出口，洞内壁及洞顶均为水泥磨光面，坚固防水，洞长 100 米，宽 1.8～2 米。由于洞内外有温差，所以在不通风的情况下，洞内比较潮湿，相对湿度 95%；而通风后地面热空气进入洞内，遇冷产生湿气，反而会使空气湿度增加。所以，夏季防空洞内的环境，比较适合茶薪菇生长。

（二）生产季节安排

茶薪菇菌袋培养需要 2 个月，长菇期长达 8～9 个月，也就是 1 次接种，周年长菇。防空洞栽培季节安排，应发挥夏季环境条件的优势，多产菇，抢占市场缺货期，卖个好价钱。为此,应以4月份“清明”开始接种菌袋,6～9月份进入长菇高峰期。

(三)菌袋接种培养

防空洞栽培茶薪菇的培养基配方与制作按常规操作,栽培袋以15厘米×33厘米折角袋,接种后的菌袋培养,应采取以下特殊措施。

1. 重点排湿防潮 防空洞内一般比较潮湿,养菌期间重点加强通风排湿,降低洞内湿度,并在地面上撒生石灰吸湿。

2. 摆袋罩膜间隔 菌袋排放采取单向,再用薄膜围罩,使菌袋与洞壁和走道隔离,人为创造干燥环境。

3. 加温发菌培养 茶薪菇菌丝在18℃～23℃生长比较旺盛,但长速较慢,而25℃最适宜。因此,接种后的菌袋在防空洞内培养时,要采取洞内加温或菌袋罩膜使温度达25℃,让菌丝正常发育,培养50～60天菌丝生理成熟。这样,产菇期才能赶得上夏季。如果任凭洞内自然温度培养,生理成熟的时间要延迟10～15天,就会影响长菇上市的时间。

4. 控光通风换气 菌袋培养期间不宜日夜开灯,而在翻袋检查时需要开灯,作业完毕应及时关灯,黑暗环境下菌丝照常生长。但强调每天要通风换气,使洞内外空气流通,通风时揭膜,使菌袋接触新鲜空气。

(四)出菇管理措施

1. 清场叠袋 防空洞内作为出菇室,首先要打扫干净,并用生石灰消毒。菌袋摆放采取两旁叠墙,中间留作业道,叠成高7～8袋,袋口向外。

2. 开口增氧 将袋头扎绳解开,如是棉塞套环的,应去掉，然后松开袋口 2～3 小时后，再把薄膜合拢，扭拧一下，造成袋膜小量通风。待原基形成后，把袋口开大，以利于长菇。

3. 控湿通风 解口后喷雾于出菇室，让雾状水落于袋面，使雾气透进袋口内。当原基形成后袋口开大，随着洞内的通风，自然湿度也开始增大，不必喷水，以防过湿烂菇。空气相对湿度控制在 90%左右，超标时应采取通风降湿，每天通风 2～3 次，每次 2 小时，最好早、晚进行作业。形成干湿刺激，温差刺激，促进原基发生。

4. 适度光照 在洞的顶端每隔 10 米左右，安装一盏 15 瓦白炽灯或日光灯，长菇阶段可以整天开灯照射，光照度为 500～800 勒。

八、茶薪菇菌渣再利用栽菇技术

茶薪菇菌袋长菇结束后的废料，称菌渣、菌糠，现大都利用作为果树施肥或作为沼气堆料。近年来，各产区在实施农业循环经济中，对茶薪菇的废料进行化验表明，这些菌渣中含有未被利用的粗蛋白质，粗纤维素和无机盐等丰富的营养物质。这些菌渣通过技术处理，可用于栽培秀珍菇、大球盖菇、鸡腿蘑、竹荪等食用菌，提高利用率，增加经济收入。

(一)菌渣袋栽秀珍菇

秀珍菇又名袖珍菇、环柄斗菇、姬平菇，属侧耳科。利用茶薪菇菌渣栽培秀珍菇，许国城、陈政明(2001)进行了试验，9 月份制袋 10 月份长菇。结果表明，用 20%～30%菌渣代替木屑，栽培秀珍菇每 1 万袋投料 3 500 千克，共增收节支 3 074.75 元，获较好的经济效益。这里根据其试验材料整理，具体方法如下。

1. 菌渣处理 将长过茶薪菇后的菌渣集中，采用破料机或手工脱膜取料，置于太阳下晒干备用。

2. 配料装袋 从试验配方中选择两个。

配方1 菌渣30%，杂木屑32%，棉籽壳20%，麦麸15%，糖1%，轻质碳酸钙1%，石灰1%。

配方2 菌渣20%，杂木屑41.5%，棉籽壳20%，麦麸16%，糖1%，软质碳酸钙1%，石灰0.5%。

以上配方料水比为1∶1。拌料均匀，装入17厘米×33厘米×0.05厘米聚丙烯折角袋，每袋装干料350克。灭菌处理按常规。

3. 发菌培养 料袋接入秀珍菇菌种后，置于25℃室内发菌培养，菌丝走满袋时间约33天。菌袋培养室干燥避光、通风。

4. 出菇管理 菌袋生理成熟后，搬进菇棚内上架排袋或平地墙式叠袋。然后拔去袋口棉塞或解绳，敞开袋口，让氧气透进袋内，人为创造8℃～12℃的温差刺激。长菇期温度控制在18℃～22℃，长菇期喷水，空气相对湿度保持85%～95%，菇房通风增氧，光照度300～500勒，有利于原基分化子实体形成。

(二)菌渣畦床覆土栽培大球盖菇

茶薪菇菌渣通过发酵配制，在室外免棚栽培大球盖菇，接种后60天出菇，每平方米可采收鲜菇10～15千克，低成本、高产量、高效益。具体方法如下。

1. 菌渣发酵 将菌渣集中于水泥坪上，割掉薄膜袋，取出菌渣，打散晒干。然后按菌渣70%、棉籽壳10%、杂木屑

10%、稻草7%、石灰3%，料与水比例为1∶1.3。将上述原料混合均匀，再加入石灰水反复搅拌后，整堆发酵15天，中间进行翻堆3次。达到料疏松，无氨气即可。然后在播种时再加清水，含水量掌握在60%左右。

2. 栽培季节 大球盖菇一般9月中旬至11月份播种，11月份至翌年3月份为长菇期。

3. 场地处理 因地制宜选用水稻收成后的田地，将收割后剩余的稻根压平。也可以利用果园、林地作栽培场，但要靠近水源，方便管理。

4. 铺料播种 将发酵料铺于压平稻根的畦床上。床宽1米左右，长度视场地。铺料15厘米厚，播入大球盖菇的菌种，每平方米使用菌种5瓶。然后在田地挖沟深20厘米、宽50厘米。将挖出泥土打碎，覆盖于畦床上，厚3～4厘米，畦床表层覆盖稻草5～6厘米。菇棚不必遮盖，利用地温、地湿自然生长。若气候干燥时，应加水浇湿床面草料。

5. 出菇管理 播种后的1个月左右，菌丝基本走满床内，并爬向床面，菌丝色泽白，粗壮密集；播种后45～60天可出菇，此时在畦床上插弓条，用遮阳网罩盖。管理过程既不要使料内过湿，也不要让料内干燥，做到适量喷水。如气候干燥要喷湿床面，渗透床内菌丝。气温在15℃～23℃时，子实体生长发育良好。菇蕾发生至成熟，一般5～10天。大球盖菇宜在未开伞前采收，其味道、口感均佳。现在市场主要是鲜销或盐渍加工。

（三）菌渣装袋覆土栽培鸡腿蘑

鸡腿蘑又名毛头鬼伞，属于草类生型菌类，适应性极广。福建省莆田市食用菌办公室黄培强、林德章（2001）利用茶薪菇菌渣栽培鸡腿蘑，获得理想效果。具体操作技术如下。

1. 集堆发酵 先将茶薪菇废袋去掉袋膜，取去废筒打碎。再按菌渣干料量折算加入5%麸皮、1.5%～2%石灰，调至含水量60%～65%。即用手紧捏，指缝间有水迹出现。把配制搅拌均匀的培养料堆成梯形，下部宽1.5米，上部宽1.2米，高1.2～1.5米，长度不限，堆高50厘米，然后在料堆中间每隔50厘米放直径8～10厘米的木棒或竹杠。待堆料完成后，抽出木棒形成通气洞，再在堆两侧各打同样2～3排的空洞，以利于堆内通气，形成好氧发酵。如遇雨天应用塑料薄膜遮盖，雨后立即去掉。发酵时间8～10天后，中间要进行翻堆，一般隔天进行。发酵好的料呈棕褐色，不黏、无臭和无酸味，pH值7～7.5。

2. 配料装袋 把以上发酵好的料，再按干料加入15%麸皮、2%玉米粉、1%碳酸钙、0.5%过磷酸钙，调料含水量为55%～60%。然后装入17厘米×33厘米×0.05厘米的聚丙烯折角袋内，每袋装料湿重1千克，高度12厘米，中间打洞，并用橡皮筋扎口。把装好的料袋，再装入洗净的废旧饲料编织袋内，每袋装20～30小袋，把袋口扎牢。

3. 常压灭菌 先在地上用砖头和木板垫高20厘米，长3米，宽1.5米的底垫，然后把装好袋子的编织袋，依次排叠于底垫上，各层均与下层交错排放。这样有利于堆的稳定牢固，形成交错的空间，有利于蒸汽的循环，使灭菌彻底。堆码一般5～7层，每堆可灭菌2 000～3 000袋。堆码后先盖上一层塑料麻袋类的保温层，再盖上帆布式塑料涤纶布的保护层，最后用麻绳在外面扎牢，石头压紧。采用50加仑汽油桶加热送蒸汽灭菌，一般每灶灭菌2 000～3 000袋，要用3～4个汽油桶，500～600块直径约10厘米、高7厘米的蜂窝煤。在3～4小时内，把堆温升到100℃，然后保持16～18小时，冷却后按无菌操作要求进行接种。

4. 发菌培养　接种后把菌袋排放在架床上，每平方米可排放70～80袋，控制温度22℃～28℃，空气相对湿度保持在70%以下，光线宜暗，35～40天后菌丝可发满袋。

5. 覆土出菇　长满菌丝后剪去袋口薄膜，留3～5厘米长余膜。覆盖经消毒过的泥土，覆至袋口平。先把泥土加工成直径为0.5～1.5厘米的土粒，经消毒处理。覆土后泥土要喷水调成土粒用手捏能扁，手搓能成团的湿度标准。如果捏碎，搓不成团，应喷水补充。当见到土缝间小菇蕾出现时，不要喷水，以免水分偏高，会使小菇色泽加深直至黑褐色。空气相对湿度保持在80%～90%，同时要经常通风换气，使室内空气新鲜，光线也要调亮一些，散射光对菇蕾的分化有促进作用。每潮菇采完后，要喷水把土粒调到如前所述的程度。

覆土后因气温的高低，会影响到出菇的迟早，但对总产量似乎影响不大，一般春季在3月下旬至5月上旬；秋季10月上旬至11月中旬为最佳出菇季节。一般春季袋产量可达200～300克，秋季袋产量150～200克。9月中旬后气温30℃左右，应把袋内疏松覆土倒掉，重新覆土，促使长第二潮菇。

(四)菌渣层架袋栽毛木耳

茶薪菇菌渣可利用栽培毛木耳，其成本可降低15%～20%，效果很好。其栽培技术如下。

1. 菌渣处理　将收获结束的茶薪菇菌渣，破袋取料，打碎摊开晒干，收集备用。

2. 配料比例　菌渣25%，杂木屑33%，棉籽壳20%，麦麸15%，米糠5%，石膏粉0.7%，碳酸钙1%，混合肥0.3%，料水比为1∶1～1.2。

3. 料袋制作 毛木耳栽培袋规格为15厘米×55厘米，每袋装干料0.9～1千克。装袋按常规，料袋灭菌100℃以上保持24小时，达标后趁热卸袋，疏排散热。

4. 接种发菌 料袋正面打4个接种穴，不贴接布。毛木耳菌种多为袋装(13.5厘米×24厘米)，每袋菌种可接25～30个栽培袋。接种后菌袋置于室内，按每4袋交叉重叠10～12层。进行发菌培养。为防止螨虫为害，接种后3～4天，用73%克螨特乳油3000倍液喷洒空间。菌袋培养8～10天后进行第一次翻袋，以后每隔7～8天翻袋1次。发菌期温度以不低于22℃，不超过32℃为宜。

5. 出耳管理 接种后经过30天培育，菌丝走满袋，达到生理成熟，即进入引发长耳阶段。具体操作：用刀片在袋侧面各割"×"形出耳穴4个，穴口掌握在2厘米长为宜。割穴后疏袋散热，菌袋改为3袋交叉重叠，扩大空气流通；并喷雾化水于空气中，相对湿度保持85%，诱导耳芽发生。夏天气温高时，可在地面喷水增湿出耳。待大部分耳芽长出1厘米后，将菌袋搬进室内或野外菇棚的培养架上排袋出耳。每天喷水1～2次，直喷耳片上，以耳片湿润为适。出耳温度以25℃～32℃均可，每天通风1～2次。从接种到采收一般约55天，可连续采收4～5批，生物转化率达130%。

(五)菌渣大田铺料畦栽竹荪

利用茶薪菇菌渣栽培竹荪，每667平方米面积，可收竹荪干品100千克，增加收入5000元以上。其操作方法如下。

1. 菌渣处理配比 将废袋集中晒场脱去袋膜，取料捣散晒干。然后按菌渣 50%，玉米秆 47%(或可采用棉花秆、豆秸、花生壳或竹、木、果、桑枝桠碎屑均可)，石灰 3%，加清水 130%。采取一层秸秆，一层菌渣，把石灰溶于水中后，洒于料层上，逐层堆放，在上面盖薄膜发酵 10 天，其间翻堆 3～4 次，拌匀后，含水量 60%～65%。

2. 铺料播种覆土 竹荪栽培场可在野外田地、林果园间或大棚内，畦床底宽 50～60 厘米，四周为排水沟。先将发酵后的培养料 2/3 量，铺放于畦床上，在料面撒播竹荪菌种；再将 1/3 培养料铺在上面，用脚踩实，使料与菌种吻合，整个料层 15 厘米厚，形成底层宽，上层稍窄的菌床。每平方米用料 12～15 千克，菌种 2～3 袋，并在料面覆土 3～4 厘米，最后在覆土层再铺放一层玉米或小米等秸秆即可。野外田地栽培接种后，可在畦旁每间隔 1 米套种玉米、大豆、辣椒等作物遮阴。

3. 出菇期间管理 播种覆土后若气温低时，畦床上方罩膜保温发菌，菌丝生长温度为 8℃～35℃均可，但 25℃～28℃最适。发菌培养在适温条件下 50～60 天出现菌球，逐步膨大，并破口抽柄，菌裙撒开形成子实体。子实体生长温度 25℃～35℃均可，每天上午向空气中喷水 1 次，空气相对湿度要求 90%～95%，如果湿度低，菌裙悬结难以伸张，影响产品质量。长菇期处于高温期，光照过强时，上方可采用遮阳网遮阴。一般播种后 60 天，就可采收一潮竹荪。

第六章　茶薪菇病虫害防治技术

一、无公害综合防治措施

（一）生态防治

生态防治要求优化环境，杜绝污染源，这是病虫害防治工作的基础。具体做好以下几方面。

1. 选好场地　栽菇房棚要求建立在土壤干燥，依山傍水，空气流畅，四周空阔，较大范围内无害虫，空间无大气污染的地域；要远离禽畜饲养场、垃圾场、酿造工厂、生活区及医院等，从生产场地上杜绝病原菌危害。

2. 水质清净　水源最好是地下水、溪水或自来水，水质清净无污染；野外菇棚内要求四周开沟，雨后不积水；出菇喷水禁用有污物堆积的池塘水、田水、沟水。

3. 房棚优化　茶薪菇室内栽培房，要有良好的通风排湿、保温、控温设备和适宜光照。门窗安装尼龙纱网。水泥地面磨光，墙壁四周刷白灰。如果利用防空洞、地道、山洞作栽培场所时，出入口处要有一段距离保持黑暗，房内安装黑光灯。野外栽培棚四周盖好防雨膜，外披茅草遮阴，棚内同样安装黑光灯。

4. 合理轮作　茶薪菇野外栽培棚的场地，采取合理轮换生产不同品种，对防治病虫害也有好处。因为长期栽培一个品种，其病虫害繁殖指数和抗逆能力也随着上升和增强。如果间隔1年或2～3年后，再轮换回来，在这间隔期间由于品种的变换，对专害性病虫感到不适应，也会外逃，侵害也就减少。

(二)生物防治

生物防治包括采取植物性药物和培养动物性天敌来治虫，以及菇身强壮克制病虫害。

1. 植物药剂 利用有些植物本身含有杀菌驱虫的药物成分，作为防治病虫害的药剂。如除虫菊，是绿色植物农药的理想原料，主要含有除虫菊和灰菊素，花、茎、叶可制除虫菊酯类农药。可将除虫菊加水煮成药液，用于喷洒菇房环境，杀灭杂菌虫害；还可将除虫菊熬成浓液，涂粘于木板上，挂在灯光强的附近地方诱杀菇蝇、菇蚊，效果很好。此外茶籽饼也是植物农药。茶籽是油茶植物的果实，榨油后的茶籽饼气味芬芳有杀虫效果，将其磨成粉撒在纱布上，螨虫就会聚集于纱布，然后把纱布放在浓石灰水里一浸，螨虫便被杀死，连续多次杀螨效果可达90%以上。此外烟草、苦楝、臭椿、辣椒、大蒜、洋葱、草木灰等都可作为植物制剂农药，用于杀虫，成本低廉，又无公害。

2. 微生物杀虫剂 苏云金杆菌(*BacilLus thuring iensis*，简称Bt)是一种天然存在昆虫病原细菌，可防治鳞翅目害虫、线虫和螨类等。在30℃左右时，杀虫死亡速度快，是理想的生物农药，对人、畜安全。苏云金芽孢杆菌的侵染方式是内毒素通过作用，使昆虫致死，还可由消化道入侵昆虫体腔中，通过大量繁殖而引起昆虫败血致死，对环境安全。

3. 壮菇抑虫 所谓壮菇抑虫就是从各方面创造条件育壮茶薪菇菌体，以强制胜，抑制病虫害。它包括两方面，一方面在生产过程中从原料选择，培养料配比，堆制发酵，要求不含病虫，不霉变；袋料高压高温灭菌要彻底，接种严格执行无菌操作，使培养料基质提高，病虫害减少，自身产生健康菇体；另一方面是选择有特异性气味的菇类进行交叉轮种。如竹荪，有一股特别浓香气味，蕈蚊、飞虫闻味即飞，不敢接近。可在较大菇棚旁栽培几平方米竹荪，让其子实体散出气味，驱逐蚊虫；也可作为轮换品种，使菇棚内有自然防治虫害的基础条件。

（三）物理防治

利用各种物理因素，人工或器械杀灭病虫害的方法均系此范围。具体如下。

1. 特殊光线杀灭　采用紫外线灯杀菌。接种室、超净工作台、缓冲室内安装30瓦紫外线灯，每次照射25～30分钟，可有效地杀灭细菌、真菌、病菌。采用黑光灯长波［(3.3～4)米～(7～10)米］，具有较强诱杀力。许多昆虫具有趋光性，可在菇房（棚）内安装黑光灯，可诱杀蝼蛄、叶蝉、菇蚊、菇蝇、菇蛾。

2. 臭氧气体杀菌　臭氧具有高效广谱消毒灭菌作用。它通过高压放电，把空气中的氧气转变成臭氧，再由风扇把臭氧吹散到空间消毒杀菌；或由气泵把臭氧注入混合水中成灭菌水剂，喷洒消毒灭菌，这是新一代消毒灭菌设备。

3. 设施隔离保护　茶薪菇栽培房的门窗安装尼龙窗纱网：防止窗外蛾、蚊、蝇及其他昆虫飞入为害。野外塑料大棚层架栽培，可用30目尼龙遮阳网遮盖，既可防虫，又可遮阴。

4. 人工直接捕杀　野外菇棚常出现蛴螬、蛞蝓、七星瓢虫等入侵，可直接捕捉。长菇期鼠害可采用捕鼠夹捕捉。

(四)控药防治

茶薪菇生产中采用农药防治,要认真执行农业部 2000 年发布的 NY/T 393—2000《绿色食品农药使用准则》。在使用农药时,必须慎之又慎,马虎不得。实施无公害生产控药防治,强调做到以下 5 点。

1. 用药原则 农药治虫是一种应急措施。在确实需要用药时,首先应选用环保型农药和生物农药或生化制剂农药。如 8010、白僵菌、天霸等;其次选择特异性昆虫生长调节剂农药,如农梦特、抑太保、卡死克、除虫脲、灭幼脲等;再则选用高效、广谱、低毒、残留期短的药剂,如敌百虫、辛硫磷、福美双、百菌清、克螨特、锐劲特、甲基托布津、甲霜灵等。用药时期,强调在未出菇或每批菇采收结束后进行;并注意少量、局部施用,防止扩大污染。特别强调:严禁在长菇期间喷洒药剂。

2. 农药要求 所有使用的农药,都必须经过农业部农药检定所登记。严禁使用未取得登记和没有生产许可证的农药,以及无厂名、无药名、无说明书的伪劣农药。

3. 禁控农药 严格执行农业部 2002 年 5 月 24 日第 199 号公告明令禁止使用的 18 种农药:六六六、滴滴涕、毒杀酚、二溴氯丙烷、杀虫脒、二溴乙烷、除草醚、艾氏剂、狄氏剂、汞制剂、砷类、铅类、敌枯双、氟乙酰胺、甘氟、毒鼠强、氟乙酸钠、毒鼠硅。以及在蔬菜、果、茶叶、中药材上不得使用和限制使用的 19 种农药:甲基对硫磷、久效磷、甲拌磷、磷胺、甲基异硫磷、特丁硫磷、甲基硫环磷、治螟磷、内吸磷、克百威、涕灭威、灭线磷、硫环磷、蝇毒磷、地虫硫磷、氯唑磷、灭克磷、水胺硫磷、苯线磷高毒农药,以及一切汞制剂农药及其他高毒、高残留等农药。

4. 用药方法 任何农药在使用时做到“四不得”：一不得超出批准规定的使用范围。因此，要熟悉病虫种类，了解农药性质，按照说明书规定掌握好使用范围、防治对象、用量、用药次数等事项；二不得盲目提高使用浓度。做到用药准确、适量、正确复配，交替轮换用药；三不得长期使用一种农药，使病虫产生抗性，同时要选用相应的喷药器械；四是长菇期不得使用任何农药，这是一个强制的禁令。

5. 注意安全 配药时人员要戴好胶皮手套，禁止用手拌药；配药时远离水源、居民点等安全地方；要专人看管，防止丢失或人、畜、禽误食中毒。喷药注意个人防护，戴好防毒口罩；施药期间不得饮酒，禁止吸烟、喝水、吃其他东西，不得用手擦嘴、脸、眼睛。

二、病虫害防治上的误区

茶薪菇菌丝和子实体含有浓郁的杏仁香味，因此，在生产过程中相对而言，病虫害比其他菇类发生的类型多，受害面广，而在防治上也存在不少误区。致使病虫害控制达不到安全效果的要求。具体表现有以下方面。

(一)重治轻防，扩大污染源

在茶薪菇生产中，栽培者都知道病虫害比其他菇类多，要注意防治，而在生产过程中就落不到实处。突出的表现是：菌袋被杂菌污染后，采取搬出隔离，控制蔓延，这是对的。然而这些污染菌袋，离房后有人把它扔到菇房外；有人把它扔进乡村溪河旁，结果这些污染袋在野外经雨淋日晒，高湿、高温，反而加快繁殖，孢子大量散发，造成空气杂菌孢子指数大量增加，给食用菌再生产造成了更大困难的不良效果。这实质就是防患意识薄弱，防重于治的观念没真正引起栽培者的高度重视。

（二）用药不当，反遭其害

茶薪菇治虫灭害用药知识不普及。常发现没有掌握好虫情病况，就盲目施药。有个菇农听说磷化铝可以杀虫，因此在菌袋开口前为防治病虫入侵，就在菇房内安放磷化铝 400 片进行熏蒸杀虫。结果菌袋开口后，原基萎缩，影响出菇。其原因在于用量超出 3 倍，而且投放点集中一处。这是滥用农药、盲目加大用量，而且用药不规范带来的后果。有人在菌袋开口前喷药，第二天就着手开口，结果药物残留袋面，操作人员接触后引起中毒。

（三）虫害病害分不清，防治失误

在茶薪菇生产过程中，菌袋培养常发生杂菌和螨虫为害，而出菇阶段有病原菌引起侵染性病害和生理性病害。不少菇农在这方面划分不清，常把生态失控引起的生理性病害，如菌袋受高温引起烧菌，误认为是杂菌侵害；长菇阶段喷水过量引起猝倒，误认为是受病原菌侵袭。因此，盲目施药，造成菌丝受到挫伤，菇体安全卫生受影响。

（四）下药不对症，防治无效

国家明令禁止使用的农药公布后，药品市场上这些品种逐渐少见或不见。而代替的农药没有广泛宣传，又缺乏具体使用指导，有的农药店为了追求利润，片面推销高利农药，又没详细介绍防治对象及使用方法。菇民购回就盲目喷施，不能对症下药，不但达不到除病灭害的目的，而且增加了生产成本。更重要的是使产品农药残留面扩大，影响食品安全。

三、侵染性病害类型与防治技术

茶薪菇侵染性病害，栽培者往往未能很好地识别病态和病原，以至盲目采用化学农药处理，结果不但不能有效防治，反而导致菇体受害，产品农残超标，栽培效益欠佳。这里就常见的侵染性病害特征与病原及防治措施介绍如下。

（一）褐腐病

1. 症状表现 受害的茶薪菇子实体停止生长，菌盖、菌柄的组织和菌褶均变为褐色，最后腐烂发臭。病原菌为疣孢霉（*Mycogone perniciosa* Magn）多发生于含水量多的菌袋上，在气温 20℃时发病增多。主要是通过被污染的水或接触病菇的手、工具等传播，侵入子实体组织的细胞间隙中繁殖，引起发病。

2. 防治措施 ①搞好菇棚消毒，培养基必须彻底灭菌处理。②出菇期间保湿和补水用水要清洁，同时加强通风换气，避免长期处于高温、高湿的环境。③受害菇及时摘除、销毁，然后停止喷水，加大通风量，降低空气相对湿度。④采用链霉素 1∶50 倍溶液喷洒菌袋，杀灭暗藏在袋内的病菌，避免第二潮长菇时病害复发。⑤成菇及时采收，在菌盖未完全展开之前采收。采收下来的鲜菇，及时销售或加工处理，夏季存放时间不宜过长。

(二)软腐病

1. 症状表现 受害的茶薪菇菌盖萎缩，菌褶、菌柄内空，弯曲软倒，最后枯死、僵缩。病原菌为茄腐镰孢霉（*Fsolani mart* Sdcc)，受侵蚀子实体组织形成一层灰白色霉状物，此为部分孢子梗及分生孢子。此病菌平时广泛分布在各种有机物上，空气中飘浮的分生孢子在高温、高湿条件下发病率高，侵染严重的造成歉收。

2. 防治措施 ①原料暴晒，培养基配制时含水量不超过60%，装袋后灭菌要彻底。②接种选择午夜气温低时进行，严格无菌操作。③菌袋开口诱发原基前，用50%敌敌畏乳油1 000倍液喷洒杀菌，开口后控制23℃～25℃适温，空气相对湿度80%。④幼菇阶段发病时，可喷洒pH值8的石灰上清液，成菇期发生此病，提前采收，并用5%石灰水浸泡，产品经清水洗后烘干。

(三)猝倒病

1. 症状表现 病菇菌柄收缩干枯，不发育，凋萎，但不腐烂，使产量减少，品质降低。病原菌为腐皮镰孢霉[*F. solani* (Matt) sacc]。多因培养料质量欠佳，如棉籽壳、木屑、麦麸等原、辅料结块霉变混入；装料灭菌时间拖长，导致基料酸败；料袋灭菌不彻底，病原菌潜藏于培养基内，在气温超过28℃时发作。

2. 防治措施 ①优化基料，棉籽壳、麦麸等原、辅料要求新鲜无结块、无霉变。②装袋至上灶灭菌时间不超过6小时，灭菌达100℃后保持16～20小时。③发菌培养防止高温烧菌，室内干燥，防潮、防阳光直射。④菌袋适时开口增氧，促进原基顺利形成子实体。长菇温度掌握在23℃～28℃，空气相对湿度为85%～90%。⑤子实体发育期一旦发病应提前采收。及时搔去受害部位的基质，并喷洒75%百菌清1 500倍液；生息养菌2天后，喷水增湿促进继续长菇。

(四)黑斑病

1. 症状表现 受害的茶薪菇子实体出现黑色斑点，在菌盖和菌柄上分布，菇体色泽反差明显。轻者影响产品外观，重者导致霉变。病原菌为头孢霉(*Cephalos Porium* SP)，主要是通过空气、风、雨、雾进行传播；常因操作人员身手及工具接触感染；菇房温度在25℃～30℃、通风不良、喷水过多、液态水淤积菇体过甚时，此病易发。

2. 防治措施 ①保持菇房清洁卫生，通风良好，防止高温、高湿。②接种后适温养菌，加强通风，让菌丝正常发透。③出菇阶段喷水掌握轻、勤、细的原则，每次喷水后要及时通风。④幼菇阶段受害时，可用pH值8的石灰上清液喷洒；成菇发病及时摘除，并挖掉周围被污染部位，及时喷洒90%新植霉素可溶性粉剂4 000倍液，或用5%异菌脲可湿性粉剂1 000倍液喷洒。

(五)霉烂病

1. 症状表现 受害子实体出现发霉变黑，烂掉，闻有一股氨水臭味，传播较快，严重时导致整批霉烂歉收。病原菌为绿色木霉(*T. uiridepers.* ex S. F. Grey)，侵蚀子实体表层，初期为粉白色，逐渐变绿色、墨黑色，直到糜烂、霉臭。多因料袋灭菌不彻底，病原菌潜伏基质内，导致长菇时发作，由菌丝体转移到子实体；同时，由于菇房湿度偏高，通风不良有利于蔓延，受害菇失去商品价值。

2. 防治措施 ①彻底清理接种室、培养室及出菇棚周围环境。在菇棚周围约30米距离内，喷洒50%多菌灵可湿性粉剂400倍液，密闭2天后方可启用。②料袋含水量不宜超过60%，并彻底消毒，不让病菌有潜藏余地。③接种严格执行无菌操作，培养室预先喷洒75%百菌清可湿性药剂1 500～2 000倍液，杀灭潜存在室内的病原菌。④发生病害后，将病袋移出焚烧或深埋，也可使用3%石灰拌入处理后进行打碎、堆制发酵处理后，作有机肥用。

（六）枯死病

1. 症状表现 常发生在原基出现后不久枯死，不能分化成子实体，影响一潮菇的收成。其病原为线虫（*Nematodes*）蠕形小动物为害。常在梅雨、闷湿、不通风的情况下发生，线虫以针口刺入菌丝内，吸食细胞液，造成菌丝衰退，不能提供养分、水分供给原基生长与分化，以致枯死。有时也会直接吸食原基和幼菇，使茶薪菇子实体失去生长发育的能力而枯死。

2. 防治措施 ①菇房及一切用具预先消毒，不给线虫以存活条件。②培养料采取先集堆发酵后，再装袋灭菌。③发菌培养注意控温，以不超过28℃为好。气温高时应及时进行疏袋散热，夜间门窗全开，整夜通风，使堆温、袋温降低，育好母体，增加抗逆力。④适时开口增氧，促使菌丝正常新陈代谢，如期由营养生长转入生殖生长，出好菇。⑤幼菇阶段喷水宜少、宜勤，不可过量，防止积水；同时，注意通风换气，创造适宜的环境条件。对已受害的及时摘除，并剔除表层。停止喷水2天后，让菌丝复壮，然后适量喷水，促进再长菇。

（七）空疮病

1. 症状表现 子实体形成期常出现被虫咬伤残空疮，失去商品价值。主要害虫有：小菌蚊（*Sciophila* SP）；蚤蝇（*Megaselia* halterata）；紫跳虫（*H. yqogastrura communis* Folsom）。

这些害虫多因菇棚周围乱堆垃圾、杂草丛生，给害虫提供寄生繁衍条件；加之菇房防虫设施不全，害虫飞入无阻。

2. 防治措施 ①做好菇房及周围的环境卫生，并用生石灰消毒，杜绝虫源。②菇房门窗和通气孔安装 60 目纱网，阻止成虫飞入，并在网上定期喷洒植物制剂的除虫菊药液。③房内安装黑光灯诱杀，或在房内灯光下放半脸盆的 0.1% 7051 杀虫素乳油；也可用粘胶涂于木板上，挂在灯光的附近，黏杀入侵害虫。成菇提前采收。

第七章　茶薪菇保鲜与加工技术

一、采收与加工常见的误区

（一）成熟度把握不准，采收误期

保鲜茶薪菇要求七成熟就采收，有的菇农误认为菇体长大些产量高，所以常出现本来应采收的菇，却拖延1天采收，结果过熟，菇盖伸展，孢子散发，菇柄抽长，菇体组织膨松，不但重量减轻，而且品质下降，价值适得其反。

（二）鲜菇集中不慎，外观受损

茶薪菇保鲜上市，要求保持原有的形态色泽和田园风味。但有的菇农采收时，容器不配合，菇体被摩擦失去外形美观；有的在鲜菇采后集中时不慎，菇体碰撞，菇柄折断，造成产品形态破伤，降低等级。

（三）加工技艺欠妥，优质菇降级

茶薪菇保鲜加工过程常发生的失误是，在鲜菇收集后就修剪菇蒂入库。由于菇体组织尚处于活动状态，修剪后出现菇柄变黑，影响质量。脱水烘干加工过程的失误是，在鲜菇送进烘房时，起烘温度偏低，菇体组织尚在活动，菇盖继续伸展，以至加工成品后菇盖翘起，菇柄伸长；有的没有掌握烘干温度的梯度，进入干燥阶段温度仍持续60℃，结果变红，致使品质下降。

(四)产品分级不清,档次下调

保鲜菇或干菇要求产品分档次,级别清楚,尤其是干品。一般常见的失误是,黏土菇、烤焦菇、残缺菇等没拣净,这些等外菇混入比例大了,规格菇等级也就随着下降;同时,干菇分拣和装箱过程中操作粗心,菇体磨损,感官指标不能达标,也降级。

二、鲜菇采收技术

(一)成熟标准

茶薪菇采收的标准,应根据市场需求而定。保鲜应市菇要求子实体成熟度七成时采收,一般为菌盖呈半球形,表面光泽,菌柄茁壮伸展,近白色时就要采收。加工干菇的,则要求子实体八成熟时采收:即菌膜已破,菌盖尚未完全展开;菌柄茁壮伸长,菌褶由白色转为黄褐色时,为适时的采收期。适时采收的茶薪菇,色泽鲜艳,菌盖厚,肉质柔韧;菌柄大小适中,脆嫩,香味浓郁,商品价值高;过期采收,菌伞平展,肉薄,菌柄抽长细小,色变褐,重量减轻,商品价值低。

(二)采集技术

1. 容器选定 采集鲜菇宜用小箩筐或竹篮子装盛集中,并要轻放轻取,保持茶薪菇的形态完整,防止互相挤压,菇柄折断,影响品质。特别是不宜采用麻袋、木桶、木箱等容器,以免造成外观损伤或霉烂。采下的鲜菇要按菇柄长短、菇盖大小、朵形好坏进行分类，然后分别装入塑料周转筐内，以便分级加工。

2. 采菇时间 晴天采菇有利于加工，阴雨天一般不宜采收，因雨天茶薪菇含水量高，保鲜加工易霉烂；而加工干品也难以干燥，影响品质。若菇已成熟，不采就要误过成熟期时，雨天也要适时采收，但要抓紧加工干制。

3. 采集方法 对丛生成熟的菇体，一次性采完。摘菇时左手提菌筒，右手大拇指和食指捏紧菇柄的基部，先左右旋转，再轻轻向上整丛拔起。不让菇脚残留在菌筒上。不可粗枝大叶，防止损伤菌筒表面的菌膜。

4. 采前控水 茶薪菇采收前不宜喷水。因为采前喷水子实体含水量过高，无论是保鲜或脱水加工时会变色，色泽不好，商品价值低。

三、产品保鲜技术

(一)低温冷藏保鲜技术

茶薪菇保鲜应市，要求保持原有的形态、色泽和田园风味，要达到这个标准，其保鲜加工技术标准如下。

1. 冷藏设施 根据本地区栽培面积的大小和客户需求的数量，确定建造保鲜库的面积。其库容量通常以能容纳鲜菇 3～5 吨为宜，也可以利用现有水果保鲜库贮藏。

保鲜库应安装压缩冷凝机组、蒸发器、轴流风机、自动控温装置、供热保温设施等。如果利用一般仓库改建的保鲜库，也需安装有机械设备及工具等。冷藏保鲜的原理是通过降低环境温度，来抑制鲜菇的新陈代谢和抑制腐败微生物的活动，使之在一定时间内，保持产品的鲜度、颜色、风味不变。茶薪菇组织在4℃以下停止活动，因此保鲜库的温度以0℃～4℃为宜。

2. 鲜菇规格质量标准 保鲜茶薪菇要求菌盖半球圆整，菇柄茁壮，长短大小适中，色泽灰白，菇体含水量低，无沾泥、无虫害、无缺破，保持自然生长的优美形态。符合要求者作为冷藏保鲜，不合标准者的，作为烘干加工处理。如果采前10小时有喷水的，就不合乎保鲜质量要求。

3. 预冷控制 茶薪菇采收后，菇体内水分大量散失，菌褶开始变褐，风味劣变，商品价值下降，为此采收后要及时移入0℃～1℃的冷库中预冷15～20小时，预冷的目的是除去菇体从田间带来的热量，使组织温度降低到一定程度，以延缓代谢速度，防止失水、变黄或腐软。预冷的时间，以菇体中心部位温度降至与冷库温度相同为宜。冬季低温季节，当外界气温在0℃左右时，菇体温度低，不需冷库预冷。鲜菇在－0.5℃以下，会产生冻害，应该注意。

4. 包装用品 以预冷的鲜菇，进行分级整修和包装。包装要执行农业部NY/T 658—2002《绿色食品　包装通用准则》标准。把鲜菇逐层摆放于泡沫塑料箱中，每箱净重14千克。箱底和箱面铺放包装纸，在箱面纸上放1～2袋降温冰块，箱口用胶带贴封。塑料泡沫箱的外形规格为长48厘米、高20厘米。塑料泡沫箱要符合GB 9689食品包装用聚苯乙烯树脂成型品卫生标准，泡沫箱密度≥14克。包装车间温度恒定在5℃～10℃。包装后放回0℃的冷库内暂存。

5. 运输要求 根据市场运达时间的长短，进行技术处理。据苏云忠（2005）试验，运输时间在48小时以内，可在泡沫箱内两侧各放一袋降温冰块，常用12厘米塑料袋，每袋放入碎冰 4～5 千克，扎牢袋口，然后盖好箱盖，用塑料胶带密封，普通汽车即可运输。如果运输时间需 10 天到达，应采用冷藏车运送，温度控制在 1℃±0.5℃。采取上述技术处理，一般鲜菇贮藏期为 25 天，好菇率达 97%～100%，变褐色 1.5%，软化率 1%，失重率 1.5%，没有腐烂和异味，感官鲜度好。

运输基本要求快装、快运，轻装、快卸，防热、防冻。运输工具，出口远距离国家，多采用空运，迅速快捷，商品鲜度强；沿海产区与到达国家较短距离的，也可采用冷柜海运，成本低。

(二)超市气调保鲜技术

所谓超市气调保鲜法，是在一定低温条件下，对菇品进行预冷，并采用透明塑料托盘，配合不结雾拉伸保鲜膜，进行分级小包装，简称 CA 分级包装，然后进入超市货架展销，改观购物环境，这在国外超市上极为流行。

1. 气调保鲜原理 这种拉伸膜包装的原理，主要是利用菇体自身的呼吸和蒸发作用，来调节包装内的氧气和二氧化碳的含量，使菇体在一定销售期内，保持适宜的鲜度和膜上无“结霜”现象。

2. 保鲜包装材料 现有对外贸易上除通用塑料袋真空包装及网袋包装外，多数采用托盘式的拉伸膜包装。托盘规格按鲜菇 100 克装用 15 厘米×11 厘米×2.5 厘米；200 克装用 15 厘米×11 厘米×3 厘米；300 克装用 15 厘米×11 厘米×4 厘米。拉伸保鲜膜宽 30 厘米，每筒膜长 500 米，厚度 10～15 微米。拉伸膜要求具有透气好，且要有利于托盘内水蒸气的蒸发。目前常见塑料保鲜膜及包装制品有：适于菇品超市包装的密度 0.91～0.98 克/立方厘米的低密度聚乙烯（LDPE）；还有热定型双向拉伸聚丙烯（OPP）材料制成极薄（<15 微米）防结雾的保鲜膜，有类似玻璃般的光泽和透明度较为理想。托盘为聚苯乙烯（PS）材料，利用热成塑工艺，制成的不同规格的托盘。

3. 套盘包装方法 按照超市需要的菇类品种和菇品大小不同规格进行分级包装。包装机械有日本产托盘式薄膜拉伸裹包机械和袋封口机械，分为全自动和半自动。现在国内多采用手工包装机。包装台板的温度计分为高、中、低三档，以适应不同材料及厚度的保鲜膜包装用。包装时分别菇体大小不同规格，以鲜菇 100 克量托盘排放鲜菇。一般以每盒 100 克或 200 克装量，袋装的 500 克量。包装时将菇体按大小、长短分成不同规格标准定量，排放于托盘上，并拉紧让其紧缩于菇体上即成。一个熟练女工每小时可包装 100 克量的 300～400 盒。

4. 产品质量要求 规格质量要求适于气调保鲜的茶薪菇，要求采前不喷水，无霉烂，无虫害。特级品菌盖直径 4 厘米，柄长 12 厘米；一级品菌盖直径 5 厘米，柄长 15 厘米；二级品菌盖直径 6 厘米，柄长 18 厘米。按照分级标准，分别装入塑料盘内，并覆膜包装。卫生标准符合国家 GB 7096—2003《食用菌卫生标准指标要求》。农药残留量不得超过 NY/T 749—2003《绿色食品　食用菌》标准化规定农药残留量最大限量指标。详见第八章产品质量标准。

（三）速冻保鲜技术

速冻技术在我国乃至全世界应用广泛，食品速冻已被广大消费市场接受，如速冻饺子、速冻玉米、速冻蔬菜等。为使消费者能吃到新鲜美味的茶薪菇，采取速冻休眠技术能改变以往腌制、低温保鲜的模式，力求创新，使茶薪菇鲜菇走出家门，走向世界。福建省古田县雪杉耳珍稀食用菌研究所姚锡耀所长，运用速冻原理，经过多次反复试验，成功完成茶薪菇速冻休眠保鲜技术。其优点是能够保持菇品外观和风味不变。

1. 速冻保鲜原理 采用氟压缩机，结合制冷工程技术构成速冻流水线，让茶薪菇在－60℃下迅速催眠细胞，处于休眠状态，再通过－18℃±2℃的冷藏技术处理后，可保鲜至少2年以上。

2. 速冻工艺流程

原料采集→剪蒂分拣→洗涤去杂→预煮杀青→冷却排湿→装袋→速冻→低温贮藏

3. 操作技术程序 茶薪菇速冻操作技术应掌握以下6点。

(1)原料要求 以菌盖下的菌膜已破，尚未开伞为标准。采摘下来的鲜菇及时加工，从采收到加工完毕必须在10小时内完成。采收、分拣、除头、洗涤均为人工完成作业，以防菌盖和菌柄损伤，洗净后要剔除断柄、缺盖和开伞菇。

(2)预煮杀青 宜采用水煮，时间为15～20分钟，沸点温度达90℃以上，煮时要使菇体全部浸入水中，达到煮透。

(3)冷却排湿 冷却预煮完毕捞出后急剧冷却，用10℃冷水淋洗10分钟，以使菇体中心温度迅速下降到25℃以下。捞起后放在铁丝网上，用电风扇吹干表面水分，时间约30分钟，以防速冻时菇表面结霜。

(4)成品包装 将吹干的茶薪菇按菌盖菇体大小、菌柄长短等级装入塑料复合膜(PC)袋内，通过封口机封口。

(5)速冻处理　将包装好的茶薪菇成品，置于速冻机冷冻库内速冻加工，在－45℃条件下保持 30～45 分钟。

(6)低温贮藏　经过速冻后的成品菇，装入塑料泡沫箱内，转入－18℃的冷库中保存，随售随取。

(为促使速冻技术普及应用，福建省古田县菌都农业开发有限公司可提供相关服务，该公司设有技术服务部，咨询电话：13959330895)

四、脱水烘干技术

茶薪菇脱水烘干是加工的一个重要环节，它占整个产菇量的 70%。我国现有加工者均采取机械脱水烘干流水线，鲜菇 1 次进房烘干成品，使茶薪菇形态、色泽好，香味浓郁，品质提高。具体技术规程如下。

(一)脱水干制梯度与等度

茶薪菇脱水干燥的原理，概括为“两个梯度、一个等度”。

1. 湿度梯度　当菇体水分超过平衡水分，菇体与介质接触，由于干燥介质的影响，菇体表面开始升温，水分向外界环境扩散。当菇体水分逐渐降低，表面水分低于内部水分时，水分便开始由内向表面移动。因此，菇体水分可分若干层，由内向外逐层降低，这叫湿度梯度。它是脱水干燥的一个动力。

2. 温度梯度　在干制过程中有时采用升温、降温、再升温的方法，形成温度波动。当温度升高到一定程度时，菇体内部受热；降温时菇体内部温度高于表面温度，这就构成内外的温度差别，叫温度梯度。水分借温度梯度，沿热流方向迅速向外移动而使水分蒸发，因此温度也是干燥的一个动力。

3. 平衡等度　干制是菇体受热后热由表面逐渐转向内部，温度上升造成菇体内部水分移动。初期一部分水分和水蒸气的移动，使体内、外部温度梯度降低；随后水分继续由内部向外移动，菇体含水量减少，即湿度梯度变小，逐渐干燥。当菇体水分减少到内部平衡状态时，其温度与干燥介质的温度相等，水分蒸发作用就停止了。

(二)机械烘干技术规程

茶薪菇脱水烘干每 11 千克鲜菇，烘成干品 1 千克，晴天需要 16 小时，雨天菇体含水量高需 18～20 小时。下面介绍机械脱水烘干技术规程。

1. 精选原料　鲜菇要求在八成熟时采收。采收时不可把鲜菇乱放，以免破坏朵形外观；同时鲜菇不可久置于 24℃以上的环境中，以免引起酶促褐变，造成菇褶色泽由白变浅黄或深灰甚至变黑，同时禁用泡水的鲜菇。根据市场客户的要求分类整理。在烘干前，为了降低鲜菇含水量，可把鲜菇排于烘干筛上晾晒 4～5 小时，以手摸菇柄无湿感为好。

2. 装筛进房　把鲜菇柄按大小、长短分级，重叠于烘筛上。其叠菇的厚度以不超过 16 厘米为宜，若叠菇量太薄，整机烘干量少；太厚叠堆中烘干度差，一般每筛排放鲜菇 2～2.5 千克为宜。摊排于竹制烘筛上，然后逐筛装进筛架上。装满架后，筛架通过轨道推进烘干室内，把门紧闭。若是小型的脱水机，则只要把整理好的鲜菇摊排于烘筛上，逐筛装进机内的分层架上，闭门即可。烘筛进房时，应把菇柄长、大、湿的鲜菇排放于中层；菇柄短小的、薄的排于上层，质差的排于底层。

3. 掌握温度　鲜菇装入烘干房后，要掌握好始温、升温和终温3个阶段：

(1)始温　鲜菇含水量高，突然与高热空气相遇，组织汁液骤然膨胀，易使细胞破裂，内容物流失。同时，菇体中的水分和其他有机物，常因高温而分解或焦化，发生菇褶变黑，有损成品外观与风味。干燥初期的温度也不能低于30℃，因为起温过低，菇体内细胞继续活动，也会降低产品的等级。各地实践证明茶薪菇起始的温度以40℃为宜。通常鲜菇进房前，先开动脱水机，使热源输入烘干房内，使鲜菇一进房，就处在40℃的温度条件，有利于钝化过氧化物酶的活性，持续1小时以上，这样的起始温度，能较好地保持鲜菇原有的品质。

(2)升温　持续1小时以上之后，介质温度不能升得过高和过快。温度过高，菇体中酶的活性迅速被破坏，影响香味物质的形成；温度上升过快，会影响干品质量。因此，应采用较低温度和慢速升温的烘干工艺。一般使用强制通风式的烘干机，干制温度可从40℃开始，逐渐上升到60℃；使用自然通风式烘干机的，可从35℃开始，逐渐上升至60℃，升温速度要缓慢，一般以每小时升温1℃～3℃为宜。

(3)终温　干制的最终温度也不能过高，如高于73℃时，茶薪菇的主要成分蛋白质将遭到破坏。同时，在过高的温度下，菇体内的氨基酸与糖互相作用，会使菌褶呈焦褐色。但温度也不能过低，如低于60℃，则干品在贮藏期间容易发生谷蛾、蕈蚊等害虫的为害。因为原已产在菇体上的这些害虫的卵，其致死温度为60℃，且需持续2小时，所以干制的最终温度，一般以不低于60℃为原则，烘干时间为1～2小时。

4. 排湿通风　茶薪菇脱水时水分大量蒸发，要十分注意通风排湿。当烘干房内空气相对湿度达到70%时，就应开始通风排湿。如果人进入烘房时骤然感到空气闷热潮湿，呼吸窘迫，即表明空气相对湿度已达70％以上，此时应打开进气窗和排气窗进行通风排湿。干燥天和雨天气候不同，鲜菇进烘房后，要灵活掌握通气和排气口的关闭度，使排湿通风合理，烘干的产品色泽正常。

5. 干度测定 经过脱水后的成品，要求含水率不超过13％。测定含水量的方法：感官测定，可用指甲顶压菇柄，若稍留指甲痕，说明干度已够。若一压即断说明太干。电热测定可称取菇样10克，置于105℃电烘箱内，烘干1.5小时后，再移入干燥器内冷却20分钟后称重。样品减轻的重量，即为茶薪菇含水分的重量。鲜菇脱水烘干后的实得率为11∶1，即11千克鲜菇得干品1千克。若是采取加工前菇体经晾晒排湿4～5小时的，其干品实得率为7∶1。鲜菇脱水烘干时，也不宜烘干过度，否则易烤焦或破碎，影响质量。

五、真空冻干技术

真空冻干(FD)的菇品质量优于脱水烘干产品。真空冻干生产过程处于缺氧和低温条件下，使产品形、色、味和营养成分与鲜品基本相同，且复水性较强。由于其符合国际市场上消费人群对食品“绿色、营养、安全、方便”的要求，深受青睐，成为新一代食用菌加工技术，发展前景可观。

(一)掌握冻干原理

真空冻干是利用冻结升华的物理特性，将鲜菇中水分脱出，这种升华现象在大蒜、生姜、辣椒、水果等食品加工方面已广泛利用。而我国现行鲜菇脱水则是采取加热的物理特性将水脱出，而对升华脱水比较生疏。其实水(H_2O)有固态水、液态水、气态水，在一定条件下，这三态可以互相转化。在一定温度和压力下，使水降温结冰，冰加热升华为气，气降温又升华为冰，冻干就得用这种升华原理把鲜菇脱水干燥。

（二）基本配套设施

冻干生产的普通厂房内，设前处理车间、冻干车间和后处理车间3个。前处理车间必备台案、水槽、甩干机、夹锅炉等。这主要用于深加工冻干食品；冻干车间内配置速冻床、干燥仓，以及真空、加热、监控等设备；后处理车间应备挑选台、振动筛、金属检测器、真空封口机等。甘肃省兰州市科近真空冻干技术公司近年研制生产JDG型食品冻干机，设有水气冷阱，提高了捕水量、结霜均匀，捕水率达3.13千克/平方米·时。每脱水1千克冰能降耗0.55千瓦·时，并配有JDGP智能监控软件，使温度控制精度达到0.5℃，真空调节精度达到1帕，为国内目前较先进的设备（咨询电话：0931-8275919/8271139）。

（三）冻干技术规程

1. 原料筛选 首先将进厂鲜菇剔除霉烂菇、带泥菇、浸水菇、病虫害和机械损伤菇。然后按照菇体大小、菇柄长短进行区分，装入泡沫塑料箱内，每箱装量10～15千克。

2. 进库冻结 装筛选好的原料菇，连同泡沫菇，通过输送带传送在隧道内，依次通过预冻区、冻结区、均温区，进入冷冻库。菇品经速冻库－30℃以下的温度速冻后，把库内温度调控在－18℃以下经1～2小时，然后再保持1～2小时，使菇体冻透，处于冰冻状态。

3. 加压升华 冻干主要掌握温度和压力。生产时温度调控 0.01℃和压力 6 105 帕以上，使菇体内水分蒸发成气体，形成水；随着水降温使其结为冰。冰加热可直接升华为气（不经过液态），气降温直接使其凝结为冰，使固态水、液态水、气态水互相转化。升华的中后期蒸气量逐步渐减，仓内真空升高，此时制冷量可适当减少。升华结束后，物化结合水处于液态，此时应进一步提高菇体温度，进入解析阶段，使这部分水分子能获解析，逼使菇体干燥。菇品体态大小、厚薄各异，在这种低温冷冻的条件下，一般经过 10～15 小时可把菇体脱水干燥。

4. 低温冷藏 真空冻干后的菇品，应迅速转入干燥房内包装。室内空气相对湿度要求 40%以下，以免干品在包装过程中吸潮。干品包装后置于－40℃低温下，冷冻 40 小时，杀灭在贮存过程中受外界侵入的杂菌、虫体及卵，然后起运出口。

真空冻干生产是食用菌加工业新开发项目，适于加工企业拓宽业务。但相对而言，其设备比普通热风脱水干燥投资大些，在开发此项产品时，应根据对外贸易客户订单的要求，顺应市场，稳定发展。而对国内市场所需的旅游，休闲菇品的加工，它与真空油炸可同时进行。

六、干菇包装贮藏保管技术

茶薪菇干品吸潮力很强，经过脱水加工的干品，如果包装、贮藏条件不好，极易回潮，发生霉变及虫害，造成商品价值下降和经济损失。为此，必须把好贮藏保管最后一关。

(一)检测干度

凡准备入仓贮藏保管的茶薪菇,必须检测干度是否符合规定标准,干度不足一经贮藏会引起霉烂变质。如发现干度不足,进仓前还要置于脱水烘干机内,经过 50℃～55℃烘干 1～2 小时,达标后再入库。

(二)严格包装

茶薪菇脱水烘干后,应立即装入符合 GB 9687 卫生规定的低压聚乙烯双层塑料袋内,袋口缚紧,不让透气。包装前严格检查,所有包装品应干燥、清洁,无破裂,无虫蛀,无异味,无其他不卫生的夹杂物。按照出口要求规格,用透明塑料包装,每袋装量 3 千克,用抽真空封口。外用瓦楞纸包装箱,规格为 66 厘米×44 厘米×57 厘米,箱内衬塑料薄膜,每箱装 5～6 袋。要严格执行农业部《农产品包装和标识管理办法》(2006 年 11 月 1 日起实施)中的有关规定。

(三)专仓贮藏

贮藏仓库强调专用,不得与有异味的、化学活性强的、有毒性的、易氧化的、返潮的商品混合贮藏。库房以设在阴凉干燥的楼上为宜,配有遮阴和降温设备。进仓前仓库必须进行 1 次清洗,晾干后消毒。用气雾消毒盒,每立方米 3 克,进行气化消毒。库房内空气相对湿度不超过 70%,可在房内放 1～2 袋生石灰粉吸潮。库内温度以不超过 25℃为好。度夏需转移至 5℃左右保鲜库内保管,1～2 年内色泽仍然不变。仓库定期检查,发现霉变立即处理。

七、盐渍加工技术

盐渍也是茶薪菇加工的一种方法，通过盐渍来控制菇体酶组织的活力，使其保持采收后的成熟度，使产品既有本品的特征，又有独特的风味，因此颇受市场青睐。下面介绍目前较为常用的盐渍加工基本工艺规程。

（一）原料选择

凡供盐渍加工的茶薪菇，应适时采收，其粗蛋白质含量高，香味纯正浓郁，质地脆嫩，色泽鲜艳，耐贮存。通常掌握菇体八九成熟采收。采收后应及时加工，原料愈新鲜，加工出来的品质也愈好。因此，从采收到加工一般不要超过 24 小时，间隔时间愈短愈好。如果时间拖得过长，风味愈差，色泽改变，影响加工成品的质量。采收后要根据菇体大小、重量、品质进行分级。在分级过程中，要除去霉烂、病虫害残次菇及泥沙等杂质，并将根部的黑蒂去掉。当天采收，当天加工，不可过夜。

（二）预煮杀青

将鲜菇浸入 5%～10%的盐水中，用不锈钢锅或铝锅预煮。预煮目的是杀死菇体细胞组织，进一步抑制酶活性，排出体内的水分，使气孔放大，以便盐水很快渗透菇体。现在介绍 2 种预煮法。

1. 热水预煮法　先将水煮沸或接近沸点，然后把鲜菇投入水中，加大火力使水温达到 100℃或接近沸点温度。沸点时间依菇体大小而定，一般经 7～10 分钟，剖开菇体内没有白心为度，然后捞出，立即投入流动清水中冷却。为减少可溶性物质的损失，煮沸水可多次使用。如菇量过多，一时处理不完，可用1%的盐水浸泡，在短期内保存处理。

2. 蒸汽预煮法 将鲜菇装入蒸锅或蒸汽箱中，用锅炉供给蒸汽，温度控制在80℃～100℃，处理5～15分钟后，立即关闭蒸汽，取出冷却。采用此法，可以避免营养物质的大量损失，但必须要有较好的蒸汽设备，否则受热不匀，预煮质量差。

(三)加盐腌制

把预煮冷却沥去水分的菇体，按每100千克加50千克食盐进行盐渍。现介绍3种盐渍方法如下。

1. 层盐层菇法 先在缸底铺2厘米厚的盐，再铺一层菇，再逐层加盐、加菇，直至缸满，最后一层盐稍厚；放上竹帘，再压上重物；然后加入煮沸后冷却饱和盐水，调整pH值3.5左右，上盖纱布，防止杂物混入。经常检测缸内盐液浓度，保持波美度18°以上，即1升盐水中食盐含量为205克以上。

2. 饱和盐水法 先将缸内装入饱和盐水，然后放入经预煮凉透的菇体，再压重物，盖上纱布。由于加入菇体后盐水浓度会降低，要不断补充盐分，始终保持盐液成饱和状态。

3. 梯度盐水法 经预煮冷透的菇体，先浸入10%～15%的盐水中，让菇体逐渐转成正常黄白色，经3～5天后，把菇捞出沥干水。然后转入23%～25%的盐水中浸渍1周左右。这段时间要勤检查，一旦发现盐水溶液含盐量不足18%时，应立即补上。加盐方法是适当去掉缸内的淡盐水，加上饱和盐水。盐水浓度调至18%或稍高。一般情况转缸2次即可，每次转缸后要用竹帘压上，使盐水淹过菇面，以防面上的菇体露空变色。

(四)翻缸装桶

盐渍完毕进入翻缸阶段。如果没有打气搅拌盐水，冬天应 7 天翻缸 1 次，共翻 3 次；夏天应 2 天翻缸 1 次，共 10 次，即可装入塑料桶。装满桶后加入饱和盐水，再加 300～400 克柠檬酸，并测试酸碱度。测定后按要求的重量，将菇体装入塑料袋内，加上封口盐，用线扎紧塑料袋口。现有专用塑料包装桶，每桶装量净重 50 千克左右，即可贮藏或运输。

(五)质量标准

盐渍茶薪菇感官指标：色泽淡黄色、黄褐色，具有盐渍的滋味和气味，无异味。形态按照品种不同而定，菌盖菌柄完整，氯化钠含量波美度 20°以上，pH 值 3.5～4.2，食盐符合 GB 5461 标准要求，致病微生物不得检出。盐渍品保质期可达 2 年以上。

八、糟制旅游休闲美味即食品

福建省古田县闽联食品有限公司总经理周诗连，经过反复试验研制成功一种“糟制小包装美味即食品”，获发明专利(专利号：200510200181З)，2007 年 4 月 20 日经福建省科技厅组织专家鉴定：“总体说来在同类研究中达到国内领先”，现该产品已投放市场，成为都市酒楼宴席小碟佳肴和民家餐桌时尚腌菜一味，受到国内外欢迎。被中国轻工产品质量保障中心评为“质量信得过好产品”。

茶薪菇糟制生产工艺流程：原料筛选→修剪清洗→热烫杀青→排湿脱水→糟料渍制→漂洗调味→成品包装。

具体加工技术如下。

(一)原料筛选

糟制即食美味茶薪菇选料严格，要求菇盖开伞度7～8成，盖大不超过3厘米，肉质坚韧；菌柄顺直整齐，长度不超过15厘米，粗细等同；色泽淡黄色，含水量不超过90%；无霉烂变质，蒂头不带杂质，无病虫害、无污染的优质菇。

(二)修剪清洗

将筛选合格的鲜菇，剪掉蒂头黑色带培养基的部分；置于流动的清水池中，加入0.6%盐水浸泡，洗去黏附在菇体上的泥屑杂质，再用0.1%柠檬酸溶液(pH值4.5)漂洗，抑制菇体内的多酚氧化酶的活性，防止菇色变深或变黑。

(三)杀酶冷却

采用不锈钢锅或铝锅，按每100千克鲜菇量，加入清水120升，食盐5千克下锅烧开。将菇体投入锅内热烫，水温为85℃～90℃，处理3～5分钟。当菇体下沉，上面汁液清澈，无泡沫时即可起锅。如果采用蒸汽杀青，在96℃～98℃的温度下处理2～3分钟即可。杀青的目的是破坏菇体内的多酚氧化酶活力，同时排出菇体组织的空气，使组织收缩、软化，减少加工制作时脆断。

(四)排湿脱水

杀青后菇品体内含水量达80%以上，如果不排湿脱水即行糟制时，会影响风味，且还会发生酸败。排湿脱水采用甩干机控干。方法：将杀青后的菇品，先置于通风处散热30～40

分钟，然后装入尼龙网或纱布袋内，置于甩干机内沥去菇体水分，至含水量20%为宜。

（五）糟料配制

糟料选用大米酿造红酒榨下的糟粕，又称酒糟。按1∶1加入食盐，混合搅拌均匀即成糟料。将排湿控干后的茶薪菇，按每100千克，加入糟料20千克，采取二步腌渍，第一次先将菇体与糟料量的40%进行搅拌，揉搓均匀，使每条菇柄都黏上糟料，静置2～3天后进行清洗；然后再将60%的糟料和菇进行第二次拌匀，装入缸或桶内腌制，时间15天以上，让糟料渗透入菇体内，使之着味。

（六）漂洗调味

将腌制后的糟制品提出，沥去腌渍过程的汁液。然后按照不同地区消费口味的习惯要求，再加入精盐、味精、辣椒粉、熟食用油、蒜头汁、生姜粉等调味品，反复拌匀，吸料30分钟后可包装。

（七）成品包装

采用聚乙烯（PE）或聚偏二氯乙烯（PVDC）包装袋。每袋装量分别为50克、100克、150克、200克小包装，真空封口。装袋封口后，经高压灭菌处理；再置于流动清水中速冷，取出用纱布擦净袋面，经入库保温，检验合格后即可装箱入库或上市。包装用品应符合NY/T 658—2002《绿色食品包装通用准则》和GB 9687—1988《食品包装用聚乙烯成型品卫生标准》的规定。

（八）质量标准

菇体色泽粉红，味道醇香，无异味，质地柔软嫩脆，富有弹性，无杂质；风味独特，口感宜人，开包即食。产品质量应符合 GB 7096—2003《食用菌卫生标准》和福建省地方标准 DB 35/T 522.5—2003 规定的卫生指标。

（有关茶薪菇糟制加工技术，咨询电话 0593—3575968，传真：0593—3574022）

第八章　茶薪菇产品质量标准

茶薪菇产品质量标准，目前国家和行业标准尚未见公布。这里根据福建省质量技术监督局发布，2003 年 12 月 1 日实施的 DB 35/T 522.5—2003《茶薪菇福建省地方标准》和农业部 NY/T 749—2003《绿色食品　食用菌》有关卫生指标综合介绍，供参照执行。

一、鲜菇分级感官指标

茶薪菇分级感官指标，可参照福建省地方标准执行（表 8-1）。

表 8-1　鲜茶薪菇感官指标

项　目		指　标		
		特　级	一　级	二　级
色　泽	茶薪菇	菌盖浅土黄色至暗红褐色，菌柄灰白至浅棕色，色泽一致	菌盖浅土黄色至暗红褐色，菌柄灰白至浅棕色，色泽基本一致	菌盖浅土黄色至暗红褐色，色泽较一致
	白茶薪菇	菌盖乳白色，菌柄近白色，色泽一致	菌盖白色，菌柄近白色，色泽基本一致	菌盖黄白色，菌柄近白色，色泽较一致
气　味		具有茶薪菇特有的香味，无异味		
菌盖直径（毫米）		≤40	≤50	≤60

续表 8-1

项目	指标		
	特级	一级	二级
长度(毫米)	≤120	≤150	≤180
形状	菌盖平滑齐整呈铆钉状,菌膜完好,菌柄直,整丛菇体长度体形较一致	菌盖平滑齐整呈铆钉状,菌膜较完好,菌柄稍弯曲,长度体形不要求一致	菌盖圆整,菌膜稍有破裂,菌柄较弯曲,整丛菇体长度体形不太一致
碎菇(%)	≤1.0	≤1.0	≤1.0
附着物(%)	≤0.3	≤0.3	≤0.3
虫孔菇(%)	≤1.0	≤1.5	≤2.0
霉变菇	不允许	不允许	不允许
异物	不允许有金属、玻璃、毛发、塑料等异物		

二、低温贮藏保鲜理化指标

目前茶薪菇采用低温保鲜进城应市,其货架期可达 25 天,在保质期内物理性状和允许变幅指标,见表 8-2。

表 8-2 茶薪菇低温贮藏保鲜理化指标

项目	指标
	物理性状和允许变幅指标
色泽	浅土黄色至茶褐色,柄灰白至浅棕色、无褐变,褐变率 1.5%
质地	菌盖、柄紧实有弹性,软化率≤1.5%,无腐烂
形状	保持原有自然形态不变,无萎缩、开裂、残缺
气味	特有杏仁香味,无异味,鲜美风味不变
失重率 ≤	2.5%(原始重量值比)

续表 8-2

项　目	指　标
	物理性状和允许变幅指标
蛋白质　≤	3.5%(原始重量值比)
碳水化合物≤	1.5%(原始重量值比)
脂　肪　≤	1.5%(原始重量值比)
粗纤维　≤	+2.5%(原始重量值比)

三、脱水烘干产品质量标准

茶薪菇干品分级感官指标和理化指标,可参照福建省地方标准。

(一)干品分级感官指标

干品分级感官指标见表 8-3。

表 8-3　干茶薪菇感官指标

项　目		指　标		
		特　级	一　级	二　级
色　泽	茶薪菇	菌盖浅土黄色至暗红褐色,菌柄灰白至浅棕色,色泽一致	菌盖浅土黄色至暗红褐色,菌柄灰白至浅棕色,色泽基本一致	菌盖浅土黄色至暗红褐色,菌柄灰白色至浅棕色,色泽较一致
	白茶薪菇	菌盖近白色,菌柄近白色,色泽一致	菌盖黄白色,菌柄黄白色,色泽基本一致	菌盖淡黄色,菌柄淡黄色,色泽较一致
气　味		具有茶薪菇特有的香味,无异味		

续表 8-3

项　目	指　标		
	特　级	一　级	二　级
菌盖直径(毫米)	≤35	≤45	≤55
长度(毫米)	≤110	≤140	≤170
形　状	菌盖平滑齐整呈铆钉状,菌膜完好,菌柄直,整丛菇体长度体形较一致	菌盖平滑齐整呈铆钉状,菌膜稍有破裂,菌柄稍弯曲,长度体形不要求一致	菌盖圆整,菌膜有破裂,菌柄较弯曲,整丛菇体长度体形不太一致
碎菇(%)	≤5.0	≤8.0	≤10
附着物(%)	≤0.5	≤1.0	≤1.5
虫孔菇(%)	≤1.0	≤1.5	≤2.0
霉变菇	不允许		
异　物	不允许有金属、玻璃、毛发、塑料等异物		

(二)理化指标

茶薪菇理化指标应符合福建省地方标准,见表 8-4。

表 8-4　理化指标　　　(单位:%)

项　目	指　标	
	鲜茶薪菇	干茶薪菇
水　分	≤93	≤14
粗蛋白质	≥1.2	≥12
粗纤维	≤1.5	≤15
灰　分	≥0.75	≥7.5

四、无公害产品卫生标准

茶薪菇卫生指标，可参照福建省地方标准，见表 8-5。

表 8-5　卫生指标　　（单位：毫克/千克）

项　目	指　标	
	鲜茶薪菇	干茶薪菇
砷（以 As 计）	≤0.5	≤1.0
铅（以 Pb 计）	≤1.0	≤2.0
汞（以 Hg 计）	≤0.1	≤0.2
镉（以 Cd 计）	≤0.5	≤1.0
亚硫酸盐（以 SO_2 计）	≤50	≤50
多菌灵（Carbendazim）	≤0.5	≤0.5
敌敌畏（Dichlorvos）	≤0.5	≤0.5
六六六（BHC）	≤0.1	≤0.2
滴滴涕（DDT）	≤0.1	≤0.1
甲胺磷（Methamidophos）	不得检出	

五、绿色产品农残限量标准

农业部 NY/T 749—2003《绿色食品　食用菌》标准，规定农药残留量最大限量指标。茶薪菇作为绿色食品，应实施这个标准。见表 8-6。

茶薪菇产品标准化还必须进一步研究完善，并争取与国际组织（ISO）协调，使之与国际食品安全管理体系要求标准衔接，经得起世界贸易组织（WTO）的贸易技术壁垒（TBT）和实施动植物卫生检疫措施协议(SPS)严格的产品检验考验，做到“三不超”(农残、重金属、病原微生物)，保证“田园到餐桌”的安全。

表 8-6　绿色食品　食用菌农药残留量最大限量指标

项　目	最大限量指标(毫克/千克)
六六六	≤0.1
滴滴涕	≤0.05
氯氰菊酯	≤0.05
溴氰菊酯	≤0.01
敌敌畏	≤0.1
百菌清	≤1.0
多菌灵	≤1.0

附录　食用菌生产成套机械设备

食用菌生产配套机械设备见附表。

附表　食用菌生产配套机械一览表

名　称	型　号	单　位	参考价 元/台	产品说明	备　注
切碎机	ZW-420 型	台	1600	适于各种木材一次性加工成木屑，每小时产量 1000 千克，配 15～18 千瓦电动机，	
切片机	ZW-200 型	台	2600	适于各种木材切片；每小时产量 3000 千克，配 11～15 千瓦电动机	
粉碎机	ZW-420 型	台	1300	适于树木枝桠、野草、豆秸、棉花秆等粉碎，每小时产量 200 千克，配 11～15 千瓦电动机	获国家专利产品
拌料机	ZW-A 型	台	3880	培养料搅拌，每小时 5000 千克，配单相 2.2 千瓦电动机，二相、三相电源	获国家专利产品

续附表

名　称	型　号	单　位	参考价 元/台	产品说明	备　注
拌料机	ZW-B型	台	4300	培养料搅拌，每小时5000千克，配2.2千瓦电动机，二相、三相电源	获国家专利产品
杀菌锅	MSG型	台	1800	高压灭菌，每次260瓶	
装袋机	ZW-多功能型	台	360	配多口径套筒，适用多种菇品，配1.5千瓦电动机装袋，每小时800～1 000袋	不带电动机
装袋机	ZW-90型	台	150	适折径15厘米袋装料，每小时800～1 000袋，配1.5千瓦电动机	不带电动机
脱水机	ZW-260型	台	3500	食用菌鲜品脱水烘干，班产量2600千克，燃料、煤、排风扇，电源三相、二相任选	整机含排风扇

出产厂家：古田县文彬食用菌机械修造厂

厂址：福建省古田县河东路5号　　邮编：352200

咨询电话：0593—3833062(带传真)　　手机：13706027773

主要参考文献

1 杨新美等. 中国食用菌栽培学. 北京:农业出版社. 1988

2 中华人民共和国国家标准. 农产品安全质量要求 GB 19406. 2001—01—08. 北京:中国标准出版社,2001

3 中华人民共和国农业行业标准. 无公害食品(第二批)种植业部分. 北京:中国标准出版社,2002

4 国家质量监督检验检疫总局. 农产品安全质量无公害蔬菜安全要求. 北京:中国标准出版社,2001

5 中国农业部发布. 绿色食品 产地环境技术条件. 北京:中国标准出版社,2000

6 杜子瑞. 国内外食用菌专利和标准年鉴. 北京:中国标准出版社,2004

7 中国农业部发布. 绿色食品 农药使用准则. 北京:中国标准出版社,2000

8 中国标准出版社第一编辑室. 农药残留国家标准汇编. 北京:中国标准出版社,1999

9 李正明等. 无公害安全食品生产技术. 北京:中国轻工业出版社,1999

10 《福建食用菌》. 茶薪菇. 北京:中国农业出版社,2001

11 李银庆. 茶薪菇高产栽培技术. 广州:广东科技出版社,2000

12 谢远泰. 茶树菇室内工厂化代料栽培技术. 昆明:中国食用菌(增刊)19 卷,2000. 10